当代博物馆的复合化设计

Composite Design of Contemporary Museums

何小欣　著

中国建筑工业出版社

图书在版编目（CIP）数据

当代博物馆的复合化设计/何小欣著.—北京：中国
建筑工业出版社，2015.7
ISBN 978-7-112-18216-9

Ⅰ.① 当… Ⅱ.① 何… Ⅲ.① 博物馆－建筑设
计 Ⅳ.①TU242.5

中国版本图书馆CIP数据核字（2015）第137999号

博物馆在21世纪以经济为主导的全球化时代中扮演着十分重要的角色，承担着教育、休闲、娱乐甚至大众的精神依归等社会职能。

本书以配合及促进博物馆的运营发展作为切入点研究博物馆的设计方法，充分分析了博物馆与城市以及与之运营相关联的各种因素之间的密切关系，总结出当代博物馆发展的复合化趋势，同时把这些因素有机整合成三大部分纳入了当代博物馆复合化设计策略的理论研究框架中。

复合化设计策略是涵盖从城市到建筑、从策划到运营、从功能到形式等领域的系统而综合的博物馆设计思维和理论，它为博物馆的设计者、研究者、使用者以及决策者引入新的思考角度的同时，也为博物馆在当代及未来的运营发展提供借鉴。

本书可供广大建筑师、高等院校建筑学专业师生、博物馆研究人员、城市管理人员等学习参考。

责任编辑：吴宇江
书籍设计：京点制版
责任校对：李美娜　姜小莲

当代博物馆的复合化设计
Composite Design of Contemporary Museums
何小欣　著
＊
中国建筑工业出版社出版、发行（北京西郊百万庄）
各地新华书店、建筑书店经销
北京京点图文设计有限公司制版
北京盛通印刷股份有限公司印刷
＊
开本：850×1168 毫米 1/16 印张：14¼ 字数：292千字
2015年11月第一版 2015年11月第一次印刷
定价：**99.00元**
ISBN 978-7-112-18216-9
　　　　　（27388）

序

当前我国正处在经济建设持续发展的新时期，随着改革开放的不断深入，社会经济文化科学技术发展迅速，城市建设突飞猛进，中国的建筑事业一方面赶上了黄金时代；另一方面，面对巨大的建设浪潮和日新月异的建筑思潮、理论及技术发展等方面的影响和冲击，树立正确的建筑创作观，掌握辩证的建筑创作思维方法，是一个建筑师应该具备的基本职业素养。

在数十年从事建筑创作，尤其是在文化建筑设计的实践中，我深深地体会到，建筑是物质与精神、技术与艺术的综合，建筑设计的目的就是为人类提供一个适用的美好空间环境。文化建筑作为一种文化载体，更应该通过建筑的体形和空间形态，寻求物质功能与精神功能的和谐统一，这一切都与城市发展、社会经济和区域环境息息相关，如何全面协调这些因素，从城市整体、群体协调、建筑内外空间和细部延伸等角度，对各要素进行分析、归纳、优化和整合，是文化建筑设计的重要出发点。

何小欣是我指导的博士研究生，她热爱建筑、勇于创新。在华南理工大学攻读博士学位近 7 年的时间中，她参与了 2010 年世博会中国、南京大屠杀遇难同胞纪念馆等多个与城市和文化密切相关的建筑设计项目，2011 年完成了博士论文《当代博物馆的复合化设计策略研究》，并被评为 2013 年度校级优秀博士论文。本书是在博士论文的基础上修改而成的。

书中提出的复合化设计策略，从城市、发展等宏观的视角去研究各种因素对博物馆设计的影响，同时也没有忽略博物馆建筑空间与城市空间的衔接，空间对功能定位的适应等微观的领域。正如"两观三性"论提出的建筑创作是整体观、发展观以及地域性、文化性、时代性的结合，复合化设计策略也正是立足于整体、发展的角度，对影响博物馆发展的外在因素和内在因素进行分析、归纳、整合之后所提出的全新的当代博物馆的设计理念、思路和方法。复合化设计策略以博物馆为研究对象，但在今后进一步的研究工作中，可以扩展成为公共文化建筑的规划及设计对城市空间、城市文化资源规划乃至城市生活品质的优化和提升，这将为当代中国的文化建设提供指导和参考。

2014 年 10 月于广州

前　言

　　自攻读硕士、博士学位以来，我跟随导师何镜堂先生从事了一系列研究课题和工程项目，它们都与城市文化、文化建筑有着密切关系。在这个边实践边学习的过程中，我逐渐认识到，当城市的足迹遍布全球，在城市这个庞大而复杂的运作系统中，作为社会的公共机构，文化建筑的设计所要面对的不仅是建筑本身，而是要充分考虑其与外界的关系，同时在优化城市环境、丰富城市生活、弘扬城市文化、推动城市发展，尤其是在建立城市空间秩序等方面，都应该发挥应有的作用。我对公共文化建筑与城市空间、经济、文化等领域之间的各种关联产生了浓厚的兴趣，本书是在我的博士论文基础上修改而得到的一个阶段性研究成果；而2010年上海世博会中国馆的设计与驻场服务工作，是确定以博物馆作为我的论文研究对象的一个契机。

　　2010年上海世博会的召开以中国的政治、经济、文化等综合实力全面上升为时代背景，同时也是世界关注城市生活及其可持续发展的集中呈现，它在迎接世界目光的同时也要回馈国人寄予的厚望。作为国家象征的中国馆，其建筑造型的受关注度显然超越了一般意义的展览场馆而被人们赋予了各种各样的价值隐喻。实际上，设计团队不仅仅着眼于研究中国馆如何涵盖中华文化的源远流长，而是反复讨论、推敲和处理其与外界的各种关系：中国馆的形态定位与城市的关系，中国馆的功能定位与自身以及区域运营发展的关系，中国馆的空间模式与其形态及功能定位的关系。

　　中国馆的设计体会触发了我对当代博物馆发展趋势的关注，带着建立研究课题的想法，我对国内外各类型博物馆案例进行了研究、搜集，也结合了自己在参与文化建筑项目设计中的体会和经验。这样，对当代中国博物馆发展现状的反思以及通过设计层面配合其发展趋势的研究框架就逐渐明晰起来。

　　在课题开展之初，我发现关于博物馆如何通过提高公共性、服务性、社会性以及调整运营模式，以适应当前社会经济和文化发展已经成为近年来博物馆学的讨论热点，研究课题的视角主要是来自博物馆的研究者、管理者和工作者；而在博物馆的设计领域，大量的书籍刊物是对案例的介绍，而博物馆学的研究范围所涉及的运营、管理、信息化等多个领域的发展，则被普遍认为与建筑设计的关联性较弱，因此，关于博物馆的建筑设计的论文成果多数是以建筑本身作为单一对象进行设计的方法的研究，而且其中的大多数往往被过分关注视觉形式的理论所把持。可以说较为系统全面的适应当代发展趋势的博物馆建筑设计理论仍然十分缺乏,这给我的论文研究工作带来了较大的困难。但是,来自导师何镜堂先生的帮助和鼓励,以及自己对该领域的兴趣和心得体会,这些都化为一种信念和力量,推动着我不断前行。

复合化设计策略实际上是一个公共文化建筑的设计体系,由于时间和篇幅的关系,论文只是以博物馆为研究对象提出了一个理论研究框架,然而这个设计体系的确定和完善是一个艰巨的过程,需要对其涵盖的方方面面进行广泛而深入的研究,并在实际的博物馆工程中不断探索和制定具体的指标定量、设计手段、技术措施等要素,在充实复合化设计策略的理论体系的基础上,提高其设计应用的可实施性和可操作性。因此,本书的出版可以说是复合化设计策略研究的起点,作为引玉之石,希望得到大家的指正。

在师从何镜堂先生的 7 年中,我获得了参与多项重要工程项目的机会,使我在建筑设计理论体系的建构过程中得到了丰富的实践经验的支撑。更为重要的是,何老师立足整体的思维模式,持之以恒的专业追求,以及他严于律己、宽以待人的处世方式,都让我深受教育和感染;他对待工作和生活的点点滴滴将成为激励我在今后建筑创作道路上不断前进的标杆。在此,我衷心感谢何先生给予我的指导、帮助和言传身教。

感谢我在华南理工大学求学期间的诸位师长、朋友、同学以及诸位工作室的同门,与他们每一次的交流和互勉,都让我在团队合作中感受到大家庭般的温暖。

特别感谢我的父母,他们无微不至的关爱和照顾是我永远的坚强后盾,让我得以全身心投入到学习和工作中。特别感谢我的先生苏平,感谢他在论文写作过程与我进行的无数次学术探讨,感谢他一直以来无条件的奉献和支持,感谢他给予我的爱。

何小欣

2014 年 10 月于华南理工大学

目　录

第一章　绪论

1.1 博物馆在 21 世纪社会发展中扮演的新角色

博物馆是代表了发现、思考和学习美的场所。从诞生初期的"以物件为中心"到"以教育为中心"，到 20 世纪 60 年代以后逐步发展而成的"以观众为中心"，在文化和经济多元化的共同作用下，围绕文化扩张和文化个性展开的博物馆发展及其艺术创作呈现出越来越丰富的形态。从 20 世纪 80 年代起，博物馆不再是传统意义上收藏、展示的研究机构，而是处理社会、学术、消费、娱乐、服务诸方面的复合场所；博物馆，尤其是西方发达国家的博物馆，其社会地位伴随着建设量同步飞跃。

进入 21 世纪，作为承载过去、现在和未来的载体，同时是为社会创造美、知识和公益的场所，博物馆在这个以经济为主导的全球化时代中扮演着越来越重要的社会角色——它对于公众是教育、服务者，对于产业发展是沟通、倡导者，对于城市形象是推广、提升者——与此同时，随着社会责任和社会联系的增加和紧密，当代博物馆日益处于一个复杂的社会发展网络中（图 1-1），并且面临着众多考验和挑战。

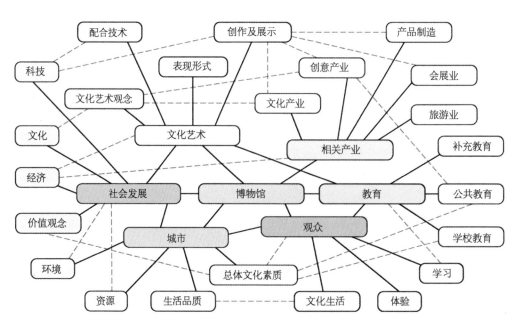

图 1-1 当代博物馆所处的社会发展网络

20 世纪 80 年代的全球性经济衰退使博物馆由于经费来源的紧缩而不得不重新考量自身的发展模式。2001 年 10 月至 2006 年 6 月,美国哈佛大学美术馆举办的博物馆馆长论坛的中心议题就是"博物馆社会职能的扩大与经费紧缩的矛盾"❶;因此,如何应对发展矛盾,以及由此而衍生出的各种各样的问题成为当下博物馆研究的重要课题。

博物馆发展到 21 世纪之初的今天,其一方面需要承担起教育、休闲、娱乐,甚至大众的精神依归等社会职能;另一方面,面临可持续的发展运营,"竞争与市场行为"成了当代西方博物馆发展运营的主导模式,这同时使博物馆与城市、公众以及相关产业的关系日益密切;除此以外,各种领域中的观念、技术等的发展也将直接或间接地改变着博物馆的面貌和品质,包括运营、管理、展示、教育、设计等各方面。

1.2　当代中国博物馆在热潮中的发展与滞后

进入 21 世纪以来,中国经济的日益发展使中国在科技、文化和艺术领域开始逐步摆脱"西学东渐"的亦步亦趋,开始在国际上产生重要影响;与此同时,社会产业结构调整的市场需求,让国家对文化事业和文化产业的各方面扶持以及对文化产值的认识持续升温:中国的文化产业虽然刚刚起步,但在各个方面的重视和支持下,特别是强大的市场需求推动下,整个"十一五"期间,我国文化产业的发展速度保持在 16% ~ 18%,超过同期 GDP 的增幅 6% ~ 8%。而在最新制定的"十二五规划"中也明确了繁荣和推动文化事业和文化产业的发展要求。❷

随着社会对文化的渴望被逐渐点燃,中国社会的资本正大量从制造业、国际贸易、房地产业涌向旅游观光、文化艺术、休闲娱乐这些第三产业。博物馆作为文化事业的重要组成部分以及文化产业的先锋引导,在国家各方力量的投入之下,其数量、规模和社会影响力均处于一个快速上升的过程。可以说,从中央到地方,博物馆的兴建达到了浪潮之巅:尤其是为了配合 2008 北京奥运会、2010 上海世博会、2010 广州亚运会的盛大召开,中国的博物馆在近十年的建设量刷新了以往百年所累积的记录。2013 年 12 月 21 日出版的《经济学人》杂志曾引用中国博物馆协会的数据:1949 年,中国只有 25 个博物馆;截至 2012 年,中国共有 3866 个博物馆,其中 451 个是该年新建的,提早达到了所谓 2015 年要建成 3500 个的目标(图 1-2)。而 2008 年金融危机前的美国,每年也只是建成 20 ~ 40 个新博物馆。

---

❶ James Cuno (Editor). Whose Muse? Art Museum and the Public Trust [M]. Princeton, New Jersey: Princeton University Press, 2004.

❷ 人民网文化频道就"'十二五规划'文化产业跨越式发展"为题对文化部文化产业司司长刘玉珠进行的采访。其中,"十一五"全称:中华人民共和国国民经济和社会发展第十一个五年规划纲要,起止时间:2006 ~ 2010 年;"十二五"全称:中华人民共和国国民经济和社会发展第十二个五年规划纲要,起止时间:2011 ~ 2015 年。

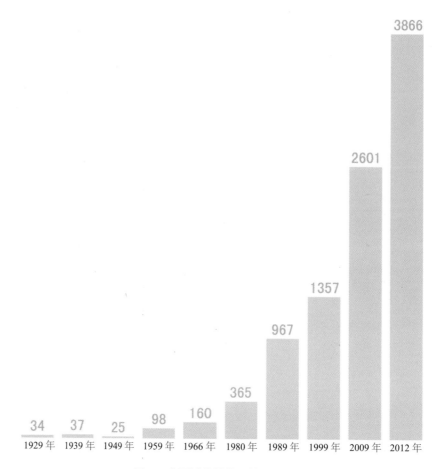

图 1-2 中国博物馆数量的增长情况

来源：根据中国博物馆协会的相关数据绘制

可以说，当代中国的博物馆有着前所未有的发展前景，同时也正处于一个全新的探索时期，这其中包含了博物馆行业对自身发展方向的探索，博物馆对自身运营发展模式的探索，社会对公共文化服务体系职能升级的探索以及对当代文化艺术理念及其表现形式的探索。尽管发展的步伐显著，但在这个不断寻求与世界接轨的探索过程中，当代中国的博物馆在众多方面仍然表现出一定程度上的发展滞后。以下列举的 7 组现象正是当代中国博物馆发展滞后的外在表现。

现象一

到欧洲城市旅行的时候，从踏出机场的那一刻开始，城市地图、马路两旁、地铁站、公交车站、酒店、餐厅、咖啡厅、游客中心、观光景点……都有各种各样的海报、广告、宣传页、报纸、杂志，甚至人们用的日常用品，在向你介绍这个城市中的博物馆信息，包括开放时间、展览内容、收费标准以及他们策划主办的各种文化、艺术活动等等（图

1-3）。即使是外地游客，你也能通过这些免费的资讯选择你所喜爱的前往参观。而欧洲的博物馆普遍比邻城市中心，只要一份简易地图便能毫不费力地找到它们，并且往往都在步行距离之内。

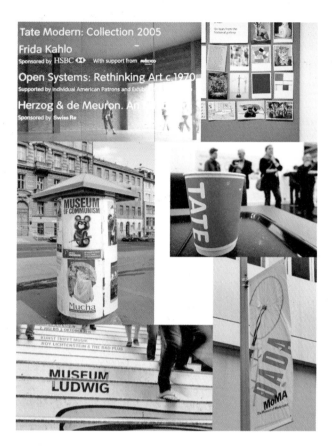

图 1-3　欧洲城市中的博物馆资讯

来源：flickr.com

现象二

　　走进西方城市的各类博物馆，我们会看到各种不同的人：一群身穿校服的学生，几个相熟的朋友，独自一人的中年人，互相扶持的白发夫妻，年轻情侣，和孩子一起来的家庭，背包客，带着画架或者相机的爱好者……他们在博物馆中各得其所：观看展品，与同伴作即时的交流，围坐在一起听老师讲课，临摹作品，记笔记，靠在庭院或中庭的座椅上闲坐聊天沉思，在博物馆餐厅用餐，在纪念品商店选购心头好……（图 1-4）笔者就曾经在位于斯图加特著名的购物街区卡尔斯广场（Karls Plaza）的艺术博物馆参观，然后在博物馆面向广场的咖啡馆里消磨下午的时光。实际上，无论是当地居民还是外地游客，博物馆已经成为欧洲城市生活或观光的不可缺少的一部分（表 1-1）。

图 1-4　博物馆中各种观众的各种行为

来源：flickr.com

英国朴次茅斯市公共文化设施的受欢迎程度　　　　　表1-1

活动种类	使用者平均参与次数	居民参与比例（%）	渗透率 PR❶
当代艺术	5.29	77	4.1
体育	17.75	53	9.4
展览	4.3	78	3.4
电影院	2.26	46	1.0
博物馆/古迹	7.88	90	7.1

来源：转引自：黄鹤.文化规划——基于文化资源的城市整体发展策略[M].北京：中国建筑工业出版社，2010：120。

---

❶　渗透率（penetration rate）是指在一定地理范围内，使用者参与某项活动的频率同当地居民参与的比例的乘积。

（a）　　　　　　　　　　（b）　　　　　　　　　　（c）

图 1-5　上海美术馆和广东省博物馆

（a）排队的人龙；（b）拥挤的门厅；（c）席地休息的观众

现象三

在平日，除了北京故宫博物院、上海博物馆等少数几个著名博物馆以外，中国大部分的博物馆普遍地呈现出门庭冷落的景象，为数不多的观众中以专业人士为主。

而当有特别展览的时候则是另外一种局面。笔者曾经在上海美术馆参观 2006 上海艺术双年展，当时排队进入博物馆的人龙围着建筑的外围绕了不止一圈；博物馆内拥挤不堪，在一些走廊式的展示空间里观众必须排着队簇拥着边走边看；布置于交通厅的每层仅存的几张凳子也早已被占据一空。不仅是通过旧建筑翻新而成的上海美术馆存在服务空间和功能的不足，2010 年投入使用的广东省博物馆新馆也由于各种服务空间的缺乏，其中庭的环廊成为众多观众席地而坐的休息地方（图 1-5）。

现象四

表 1-2 显示了 2008 年中国的博物馆和 2006 年世界著名博物馆的人流量对比。

博物馆人流量对比　　　　　　　　表1-2

2008 年中国的博物馆	人流量约数（万）	2006 年世界著名博物馆	人流量约数（万）
故宫	850	卢浮宫	830
中国美术馆	105	大英博物馆	500
上海美术馆	45	大都会美术馆	500
广东美术馆	35	古根海姆博物馆	300
今日美术馆	33	泰特美术馆	650

来源：根据各博物馆网站的数据绘制。

现象五

广东美术馆主馆选址于二沙岛，这个小岛屿与江畔陆地通过桥相连。尽管基地位于市区，风景优美，但这里的城市公交系统十分不便：人流量少，没有地铁，只有几路公交车到达，出租车也少有前往。

广东科学中心位于广州近郊的大学城小谷围岛的最西端，只有一条普通公交线路以及两条公交专线能直接到达，除此以外只能依靠一条岛内线路与包括地铁以内的其他岛外公交线路进行接驳。

博物馆的可达性低下是普遍的现象。北京地区各类博物馆位于市区的占总数的41.9%[1]，剩下超过半数以上的位于公共交通相对不便的近郊或远郊。笔者曾到访北京电影博物馆，从最近的公交车站到达博物馆需要将近30分钟的步行时间。

现象六

在博物馆沿街的咖啡厅消遣、聊天、阅读已经成为很多生活在欧美的人们的日常习惯，相约在博物馆餐厅用餐被认为是品位的象征，而很多像纽约现代美术馆那样的著名博物馆商店还在包括机场以内的很多地方开设了分点。这些副业收入——主要来自纪念品商店、咖啡厅、餐厅——为博物馆的资金运作做出了很大的贡献。表1-3显示了西方著名博物馆在2006年的商店收入。

目前，中国的博物馆无论在副业经营的面积、管理、商品种类和品质，还是在观念的解放、设施的配套以及对观众消费路线的设置等方面，还存在很大的上升空间。

西方著名博物馆机构2006年的商店收入 表1-3

博物馆	收入	博物馆	收入
纽约现代美术馆	47175000 美元	古根海姆博物馆	9553618 美元
大都会美术馆	≥1亿美元	卢浮宫	3000000 ~ 4000000 欧元

数据来源：张子康，罗怡.美术馆[M].北京：中国青年出版社，2009：143。

现象七

在欧美发达国家，民营博物馆是博物馆行业百花齐放、历久弥新的重要推动力量。而在中国，民营博物馆由于城市规划变迁而遭遇搬迁的事却屡有发生：北京光复博物馆——新中国第一座民营博物馆——曾经两易其址，先后从北京文化古街琉璃厂搬迁到南小街竹竿胡同，后来又搬迁到了朝阳区金盏乡，如今又再次面临搬迁的命运；上海尔冬强民间艺术博物馆曾因拆迁只好宣告关闭；江西景德镇第一家综合性私人博物馆兆吉明轩博物馆因被拆迁最后只能移至馆主家里。

---

[1] 王宝健.北京地区私立博物馆发展调查[J].艺术市场，2007(6)。

以上的 7 组现象显示了博物馆在西方和中国之间的差距，相比起欧美等发达国家，博物馆在中国缺乏完整的发展过程，我们的博物馆文化还没有形成，馆藏及其投入经费的薄弱，策展水平的普遍低下，公众休闲习惯和审美品位有待培养和加强等等。

另一方面，博物馆系统的秩序化建设和行业标准未能完善，各方在博物馆发展的价值观念上未能达成共识，博物馆的运营环境有待调养，博物馆的各种设计领域也尚有很大的提升空间。

与此同时，在一些基本的素质之外，随着时间的推移，观众和社会在服务性、娱乐性和体验性方面的需求会越来越多，但在许多中国城市的博物馆战略规划中，普遍缺乏对完成这方面目标的清晰描述；相当一部分热衷于政绩的博物馆工程只追求外在形式的气势磅礴，本质的脱离使其对城市环境和公共生活质量的改善贡献甚微。

因此，除了北京故宫博物院这样具有特殊意义和珍贵价值的历史景点以外，即使是中国美术馆这个国家第一大艺术圣殿，也远远没有达到西方著名博物馆在观众心中的地位，这一点从各大博物馆到访人数的比较中就表露无遗。

1.3　探讨当代博物馆设计方法的意义

进入 21 世纪，文化、经济的全球化和多元化带动了当代中国博物馆的运营模式的发展。博物馆与城市的关系越来越密切，并开始与相关产业建立起联系紧密的资金链条；另一方面，世界及中国本土的科技文化艺术理念的进步也在影响着当代中国博物馆的价值取向和表现形式。所有的这些，引起了博物馆在定位、选址、总体规划、建筑形式，新旧功能的交替、空间、展示等众多领域进行变革的客观趋势和主观意向。当代中国的博物馆要适应世界大环境的发展，必须要在社会、文化、历史的背景，以及学术、专业、教育的层次上，从博物馆的理论体系到推广模式，再到实际运营中的建设定位、功能配置、空间表现等多方面进行深入研究并建立起全面而完整的运作体系和标准。

站在设计的角度，中国的博物馆设计一直未能突破造型为先的束缚，未能从策划定位、规划选址、概念方案设计、深化设计等一系列阶段中完全体现观众向当代博物馆提出的公共性、服务性、娱乐性的综合要求，也未能为博物馆的运营发展提供适当的配合。总之，中国的博物馆设计未能为博物馆在量的膨胀的同时带来质的飞跃。

当代中国的博物馆呼唤一套涵盖从城市到建筑、从策划到运营、从功能到空间等领域的完整而综合的设计思维（图 1-6）。这套思维需要基于宏观的视角，遵循国家资源的合理利用，为社会各部门与博物馆之间建立起沟通的纽带，并且对博物馆建设实践中的不同阶段具有一定的指导性：

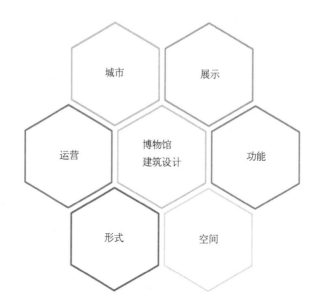

图 1-6　博物馆建筑设计所涉及的主要因素

1）为博物馆的设计者引入新的思考角度和设计依据

从 20 世纪初至今，具有隐喻意义的造型几乎一直是中国的博物馆设计理念的基本主题，这样的设计手法往往过分强调外在形式的视觉冲击力或者空间的独特性，从而使博物馆失去基本的环境、结构、功能、展示等条件的制约，并最终导致博物馆的使用尤其是展示过程中的内部空间包括结构形式、柱网布置、流线、采光、温控等方面的一系列问题的出现，并且容易以牺牲观众在博物馆中的空间体验作为代价。本课题的研究策略建立在博物馆与城市、相关产业以及自身的功能和空间发展的基础之上，它将成为当代博物馆设计的新的出发点和概念建立的依据，也可以理解为博物馆设计思维的内在的逻辑和新的灵感来源。

2）为博物馆的决策者提供策划定位的新观念，为博物馆的投资者和管理者提供新的运营和管理的模式参考

决策观念和运营管理在很大程度上影响甚至可能直接决定着博物馆品质的高低。一套科学的、适应发展的决策、投资和管理程序，不仅能妥善协调各种社会资源，为博物馆在发展中遇到的相关问题——比如收藏定位、选址、设计任务书的制定、投入方式、运营模式、使用功能的设置、与城市文化生活的结合等等——提供专业性的指导和解决办法；同时，它所建立的具有洞见力的地区文化规划，还能有效避免决策性的失误。在中国，统一、完整、合理的博物馆决策和管理体系有待完善。在此背景之下，本课题的研究意义之一就在于对新的博物馆决策、注资和管理观念的激发。

3）成为公众、社会以及博物馆自身发展之间的沟通纽带，让公众和社会真正受益

于博物馆的全方位优化

综合考虑公众、社会以及博物馆自身发展的需求，向博物馆的决策者提出改革的建议，并通过设计配合改革所带来的变化，实现博物馆的服务性、教育性、娱乐性和公共性等社会职能的综合优化，包括博物馆资金运作、运营管理、发展规划和对社会资源的合理利用方面的优化，以及包括博物馆相关设计的优化，比如规划选址、前期策划、建筑形式、功能设置、空间布局、展示形式等等。

也许，中国博物馆的问题仅仅依靠具体的设计方法无法得到根本的改善，但观念的建立是第一步，只有在进步、正确的观念的牵引下，国家的投入政策才能落到实处，博物馆文化和发展环境才得以渐渐形成和完善。这时，设计才可能发挥出应有的作用，让作为社会文化传承和建设的载体的博物馆对社会发挥着越来越正面的影响：在地区资源合理化共享的基础上，提升所在地区的环境和生活品质，与区域经济的发生互动，拉动所在地区的整体发展；成为城市公共空间的重要组成部分，为公众提供更多的社会活动以及通识学习的场所，并在当代技术、艺术和展示理念的推动下，为社会创造出一系列范围宽广，具有价值和吸引力的艺术文化展览。这些优化的结果也有利于博物馆文化在中国的形成，由于各方面条件的具备和成熟，观众将喜欢、习惯以及更为方便地前往博物馆，在"寓教于乐"的参观过程中实现自我的提升。

1.4 博物馆在当代的定义、分类及研究范围的限定

从第一座具有现代意义的博物馆诞生到今天的 200 多年里，博物馆的定义不断被修改，其内涵也不断扩充。1989 年 9 月国际博物馆协会对博物馆的定义进行再次修订："博物馆是为社会及其发展服务、向公众开放的非营利永久性机构，它为研究、教育、欣赏之目的征集、保藏、研究、传播并展示人类及人类环境的见证物。"❶ 这是迄今国际上比较通行也相对稳定的博物馆定义，它着重强调了博物馆的公共性、服务性、非营利性，以及以人为本的精神。

20 世纪 80 年代末以来，博物馆学逐渐成为一门新兴的专门学科，世界博物馆协会对博物馆的分类也有了更为广泛的延伸。世界各国对博物馆类型从不同的研究角度出发有不同的划分标准，如按藏品内容划分、按运营资金来源划分、按隶属关系划分、按观展人群划分、按展出方式划分、按馆舍规模划分等等。

目前，国际上通常以博物馆的藏品及基本展示内容作为类型划分的主要依据，按照此分类方法，当代博物馆基本分为 5 大类，❷ 详见表 1-4。

---

❶　王宏钧主编. 中国博物馆学基础 [M]. 上海：上海古籍出版社, 2001: 38。

❷　王宏钧主编. 中国博物馆学基础 [M]. 上海：上海古籍出版社, 2001: 54.

当代博物馆依据藏品及展示内容的分类　　　　　　　　表1-4

博物馆类型	主要藏品及展示内容	实例
历史类	以历史的观点来展示藏品、事件、人物	包括各种人物或历史事件纪念馆、遗址博物馆、考古学博物馆等
艺术类	展示藏品的艺术和美学价值	卢浮宫、故宫博物院、泰特现代馆、纽约现代美术馆、上海美术馆
科学类	展示自然界奥秘和历史上的科学成果	德意志科技博物馆、沃尔夫斯堡科学中心、北京天文博物馆、广东科学中心
综合类	综合展示地方的自然、历史、革命史、艺术等地方志方面的藏品	包括各种乡土博物馆、民俗博物馆、工艺美术馆、中国各省级博物馆
其他类型	包括展示具有特殊形式、特殊内容以及各种专业性的博物馆	巧克力博物馆、北京电影博物馆、中国马文化博物馆、贵州梭戛生态博物馆

　　另外一种当代常见的博物馆分类是按照运营资金来源的不同进行划分（表1-5）。在全球化浪潮以及世界经济结构发展的带动下，当代博物馆运营的体制、内容及方向发生了巨大的变革，多层次的资金来源也被众多实例证实有利于博物馆持续健康地发展。

　　继20世纪80年代中期掀起的国有博物馆建设热潮之后，20世纪90年代末期，中国开始了民营博物馆的建设试验期；到今天，民营博物馆已经成为中国文化事业的重要组成部分。2006年1月1日，中国文化部发布的《博物馆管理办法》宣示："国家扶持和发展博物馆事业，鼓励个人、法人和其他组织设立博物馆。" 2010年1月29日国家文物局、税务局等部门联合发布《关于促进民办博物馆发展的意见》。政府对于扶助并发展民营博物馆的意向及实际行动可见一斑。因为事实上，中国的民营博物馆凭借其运营的灵活性、学术的敏感度、藏展的多元化，已经成为国有博物馆不足之处的必不可少的补充。

　　身处这个大环境中，当代中国博物馆的行业体系也正在酝酿更大更深的整合和突破，这也是本书的一个主要的研究背景。

当代中国博物馆依据运营资金来源的分类　　　　　　　　表1-5

博物馆类型	运营特点及资金来源	实例
国有博物馆	属国家事业性单位；运营资金以国家的行政费用和发展补助为主，并辅助以私人、企业或基金会的赞助或捐赠、副业经营、会员及门票收入	故宫博物院 上海博物馆 广东省博物馆
民营公助博物馆	民办，但属于国家事业性单位范畴，受博物馆理事会领导；运营资金由私人、企业或基金会提供，但享受政府（如国企）间接资助，并辅助以副业经营、会员及门票收入	炎黄艺术馆 何香凝美术馆
民营企业博物馆	作为企业产业链条与战略发展组成部分的艺术机构；运营资金由企业提供，但多数仍配套相关消费服务项目以增加收入	北京保利艺术中心 上海证大现代艺术馆 深圳OCT当代艺术中心

博物馆类型	运营特点及资金来源	实例
民营非企业博物馆	由爱好文化艺术并致力于其交流传播的个人或团体按自己理想状态成立的私人艺术机构；主要依靠博物馆的副业经营、会员及门票收入获得持续发展资金，并尽可能争取私人、企业或基金会的赞助、捐赠以及政府的拨款	北京今日美术馆观复博物馆
其他类型	如商业性画廊、外国基金会资助的博物馆等	尤伦斯当代艺术中心

来源：张子康，罗怡. 美术馆 [M]. 北京：中国青年出版社，2009：27，根据书中内容整理。

根据博物馆的定义，博物馆的内涵可以分为 3 大部分：①包括博物馆、美术馆、展览馆、纪念馆、科技馆、文化中心，以及部分被称为露天博物馆的民俗生态景区等一系列非营利性质的展览类建筑或场所；②包括商业性画廊在内的具有一定营利目的的展览销售类建筑或场所；③随着信息化时代到来而出现的"信息导向"为基础的数字化、网络或者虚拟博物馆。其中，第一种内涵是传统意义上的非营利公益性实体博物馆，而第二及第三种是博物馆顺应客观发展潮流过程中的内涵扩展，其博物馆身份均已得到世界博物馆协会的认可。

同时，需要注明的是：博物馆的内涵不包括为以商业贸易、整合营销等经济功能为目的的展览会、交易会、展销会、展示会等提供场地出租的会展类建筑，也不包括展示各国当代的文化、科技和产业等成果的各种综合性和专业性的世界博览会。

本书对博物馆的研究范围界定主要基于时间与空间两个维度：

时间界定——当代，即 20 世纪 40 ~ 50 年代至今。

通常意义上所指的当代，是对人类发展历史时间段的一个定性界定。从全球来看，当代应该是指以第三次世界科技革命为标志以后的时期延续至今后，因此当代大体界定时间应该是 20 世纪 40 ~ 50 年代以后的时期。20 世纪 40 ~ 50 年代，博物馆开始改变往日标榜上流之美的形象，逐渐放开怀抱接纳不同的观众；而 70 ~ 80 年代的全球经济大衰退更让博物馆不得不考虑"美学经济"的营销策略；因此，从那个时期至今乃至在将来的一段时期里，博物馆的社会性、服务性、公共性等天生的特性已经并将持续地受到空前的关注，而这也正是本课题研究的时代背景。

空间界定——城市中的博物馆。

博物馆有很大一部分集中在城市——区别于国土空间分类中的农业空间和生态空间。首先，选择城市地区的博物馆作为本课题的研究对象最具代表性和普遍性。

总的来说，本书的设计方法适用于当代城市中的一切非营利或者营利的博物馆、美术馆、展览馆、纪念馆、科技馆、文化中心等，以及商业性画廊等一系列展览类建筑或露天场所。但远离城市的以原生态、自然景观为主要展示内容的生态博物馆，以及一切非实体的数字化、网络或者虚拟博物馆，其设计思维和方法与城市中的博物馆相距甚远，故均不在本书的研究范围之内。

1.5 复合化设计策略的提出

本书对博物馆设计方法的探讨基于对博物馆发展历史及现象的分析，以当代博物馆的发展特点及趋势为背景和切入点，总结出博物馆在当代发展所呈现出的一种全新的趋势——复合化。这种趋势源起欧、美、日等发达国家，并正在影响着世界各地博物馆的发展，它为当代中国博物馆的发展带来机遇，同时也对其提出自我调整的要求。

怀着通过设计手段配合和促进中国博物馆发展的希望，本书提出了当代博物馆的复合化设计策略：

首先，复合化设计策略是一套系统而综合的博物馆设计方法体系。

博物馆是一个庞大而且复杂的系统，博物馆学就是一门天然的交叉学科，其囊括了艺术史、历史、社会学、人类学、心理学等研究理论；而博物馆在实际中的运作则要涉及更多方面。复合化设计策略站在建筑学的研究角度，引入博物馆学、城市规划学、环境心理学 / 行为学、经济学、营销学以及当代艺术中的一些理论，通过大量案例分析并结合笔者自身的工程实践，务求寻找这些博物馆之间的共通点，尝试从一个更为宏观的视角对博物馆的设计领域进行分析研究。

复合化设计策略关注博物馆所处的客观环境、博物馆社会职能的更新以及博物馆自身运营的特点和需要；同时也关注在当今的发展背景下，观众的文化生活、城市公共文化空间体系的发展、社会文化产业链的运作等与博物馆相关联的领域对当代博物馆所提出的新的要求。复合化设计策略立足于整体、发展的角度，对影响博物馆发展的外在因素和内在因素进行综合的考虑和整合，希望从设计层面为这些问题和影响因素带来综合的解决、配合的全新的设计思路和方法。

复合化设计策略包含了 3 大部分：复合化城市网络、复合化功能定位、复合化空间模式。3 大部分涉及博物馆设计的规划体系、策划定位以及建筑空间设计领域，主要从博物馆形式与城市公共文化空间的多样结合、博物馆功能对自身运营及文化产业链运作的统筹配合、博物馆的空间秩序基于多重体验的有机组合这 3 个方面，展开深入的理论及方法建构。复合化城市网络、复合化功能定位、复合化空间模式之间是一个互相关联的整体，"复合"是贯穿其中的核心设计思想。

其次，复合化设计策略没有直接涉及造型、外观等博物馆形式的设计观点，而主张以博物馆的内部逻辑——博物馆形式与城市空间的多样结合，博物馆功能对社会化运营模式的统筹配合，博物馆的各种空间秩序的有机组合——作为设计的核心思想而呈现出博物馆的外在形式。

　　在设计以外，复合化设计策略希望能为博物馆的决策者提供策划定位的新观念，为博物馆的投资者和管理者提供新的资金运作和运营管理的模式参考。因为当代中国博物馆文化从形成、发展，到与世界同步以及真正起到优化所在区域的文化生活的作用，离不开强有力的组织能力，高效率的运作机制以及各个相关领域的高度合作，尤其需要长期不懈的努力、激情和坚持，这也是博物馆复合化设计策略提出的初衷。

第二章 当代博物馆发展的复合化趋势

事物身处一个日新月异的宏观环境中，其发展与变化一直都是外因与内因共同作用的结果，博物馆在不同时期的发展也遵循了这个规律。最早出现的博物馆是以收藏珍贵物品为主要目的，兼有研究和教育的功能，不向一般公众开放；18世纪的启蒙运动强调公众的民主权利，正式开启了博物馆公共化的历程；20世纪70～80年代的全球经济大衰退使博物馆开始对自身与市场的关系进行探索，进一步确立了其作为教育机构和社会服务机构的思想，从此展开了博物馆"以观众为中心"的发展时期。

进入21世纪的当代，以经济发展为主导的国际大环境促进了经济结构的多元平衡，观念的开放包容，学科的交叉综合以及各行业之间的合作互动，同时也改变着不同国度不同地区人们的生活。复合化趋势是博物馆在这个时期所呈现出来的发展特点，它也是博物馆在不断适应世界经济、文化、艺术等各个领域的发展潮流，以及不断克服自身矛盾过程中的产物。

2.1 复合化趋势产生的外在因素

2.1.1 文化产业的兴起

20世纪末，始于西方国家的城市文化策略在全球范围蔓延，以文化创意与经济领域的战略合作为核心的城市发展模式开始受到越来越多的重视，各国政府纷纷加大对文化领域的投入，并通过制定文化发展战略提高在全球城市竞争中的优势，从而促发了文化产业的兴起（表2-1）。文化产业是为社会公众提供文化、娱乐产品和服务的活动，以及与这些活动有关联的活动的集合。文化产业基本上可以划分为3类：①生产与销售以相对独立的物态形式呈现的文化产品的行业，如生产与销售图书、报刊、影视、音像制品等；②以劳务形式出现的文化服务行业，如演出、体育、娱乐、策划等；③向其他商品和行业提供文化附加值、文化管理和研究等服务的行业，如形象包装、创意设计、旅游观光、文化展览等。❶

实践证明，文化产业对于当代城市发展具有多重意义。一方面，满足人们日益增长的文化消费需求，成为地区或城市经济发展的重要驱动；另一方面，有助于塑造良好的城市环境，扩大和提高城市的知名度和影响力，吸引旅游、投资和人才等各种资源，为城市在全球化竞争中占据有利位置。

---

❶ 关于文化产业的定义及分类参考：胡晓明，肖春晔 编著．文化经济理论与实务 [M]．广州：中山大学出版社，2009。

各国家和地区文化及创意产业发展状况   表2-1

国家、城市和地区	名称	年份	增加值	占 GDP 比例	平均年增长创意产业 /GDP	就业人数 /就业比例
英国	创意产业	2000/2001	766 亿英镑	7.9%	9%/2.8%（1997 ~ 2001 年）	195 万
伦敦	创意产业	2000	210 亿英镑	–	11.4%（1995 ~ 2000 年）	546000
新西兰	创意产业	2000/2001	35.26 亿新西兰元	3.1%	–	49091（3.6%）
美国	版权产业	2000	7912 亿美元	7.75%	7%/3.2%（1977 ~ 2001 年）	800 万（5.9%）
澳大利亚	版权产业	1999/2000	19.2 亿澳元	3.3%	5.7%/4.85%（1986 ~ 2000 年）	345000（3.8%）
新加坡	版权产业	2000	48 亿新加坡元	2.8%	13.4%/10.6%（1986 ~ 2000 年）	72200（3.4%）
中国台湾	文化创意产业	2000	7020 亿台币	5.9%	10.1%（1998 ~ 2000 年）	337456（3.56%）

来源：香港政府报告《香港创意产业基线研究》。

　　身处文化产业链上游核心层的博物馆，虽然不直接产生经济效益，但它的社会特性和功能使它不但成为文化艺术的载体，更对文化产业起到价值导向的作用（图 2-1）。在文化产业的兴起和发展之下，博物馆的社会性、实验性、探索性直接影响着未来的文化产业，而文化产业也是博物馆持续发展的有力支撑，两者在各种层面的互动复合将对城市发展产生不可低估的作用。

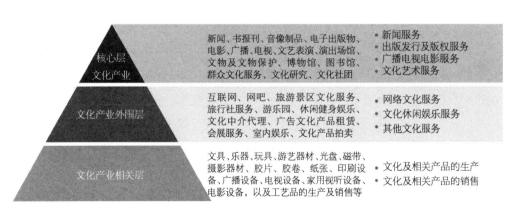

图 2-1　文化产业分层

2.1.2 城市的集约化发展

当今世界的城市在社会经济发展中发挥的作用越来越重要，它不仅带动着国民经济的持续发展，还为超过 80% 以上的社会人口提供居住和工作空间、学习场所、生产基地、医疗中心、文化和休闲设施、交通枢纽等。随着城市化足迹的全球性蔓延，人类对水、能源、原材料以及相关服务等需求的扩展不可避免，但与此同时，科学技术在飞速前进的同时加速导致的全球性生态危机使各种资源短缺的问题越来越明显。因此，作为人口和经济活动聚集的城市，在未来几十年内将面临如何可持续发展的巨大挑战，成了 21 世纪人类社会的发展共识。在此背景之下，城市将以一种更加紧凑、集约的模式发展，控制蔓延的速度，减少资源的消耗。

城市的集约化发展模式，就是在不同时段、对大量用于满足不同功能需求的城市土地进行集约配置和高效使用，为城市居民、工作者和旅游者提供高质量服务和适宜的区域环境。❶ 土地的多功能混合利用是主要的集约化手段，其中还可以发展出空间的多功能利用和时间的多功能利用两种模式（图 2-2）。

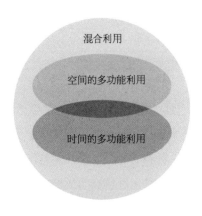

图 2-2　土地的多功能混合利用

来源：喻锋 . 欧洲城市土地多功能集约利用简介及其启示 [J]. 资源导刊，2010（11）

在中国，城市集约化发展更是社会经济增长中的一个重大的问题。一方面，随着中国城市化、工业化的发展，工业、交通、住宅和城市建设都需要占用大量土地资源；另一方面，中国的土地资源包括耕地资源、水域资源、森林资源、草场资源极为短缺，要支撑城市化、工业化的发展就存在粮食用地承载力、环境用地承载力、建设用地承载力的极限（图 2-3）。因此，作为主要的生产要素，土地资源对城市化、工业化发展的支撑与制约作用使城市土地集约化利用的理论与实践的价值超乎寻常。❷

---

❶　喻锋 . 欧洲城市土地多功能集约利用简介及其启示 [J]. 资源导刊，2010(11)。
❷　王元京 . 城镇土地集约利用：走空间节约之路 [J]. 中国经济报告，2007(09)。

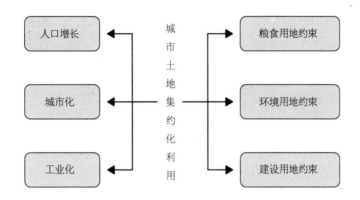

图 2-3　中国土地集约化利用关系图

来源：王元京. 城镇土地集约利用：走空间节约之路 [J]. 中国经济报告，2007（09）

在这个长期而复杂的发展过程中，面对城市中心区域可建设面积的日益稀少，博物馆作为文化传播的载体和社会的服务机构，开始把善于利用有限的资源作为在当代以及未来的各项工作中的要诀。这种资源共享的思想渐渐发展成一种复合化趋势，体现在博物馆的众多领域，比如开拓更多获取资金的渠道，与其他功能体块共用土地或建筑，结合高技术与低技术的馆舍建设，发展智能化的管理系统等等。

2.1.3　学科的交叉及艺术表现形式的转变

世界学科研究和行业发展的精细化分工，促进了不同学科、行业之间的相互交叉综合，而这种学科交叉和行业技术合作又大大地推动了科学的进步和行业的发展。博物馆是一个庞大而且复杂的系统，博物馆学就是一门天然的交叉学科，各种历史、社会学、人类学、心理学、经济学、管理学、营销学、城市学等研究理论都成了当代博物馆在运营管理中的借鉴。这种学科交叉综合，为博物馆正在酝酿的复合化趋势提供了理论支持和实现渠道；同时，得益于科技的进步，使建造过程中的不同领域能紧密合作，各种新的体系、技术、材料的出现为博物馆复合化的实现和发展提供配合和推动力。

另一方面，在知识经济化、全球一体化、科技信息化的一波又一波浪潮中，人类社会在政治上、性别上、经济上、宗教上所主张的"去中心化"、"多元化"、"以人为本"成为当代社会价值取向的特征。这些变化对当代的文化艺术理念以及表现形式产生了影响。当代艺术强调环境和空间的特质，同时人的身体、情感等全面经验开始取代视觉中心主义而成为新的审美价值取向。置身"环境"中的观众，通过积极的思维和肢体的介入，由被动观赏转换成主动感受（图 2-4）。❶ 这些就是装置化艺术的基本特征。

---

❶　徐淦. 什么是装置艺术 [M]. 广州：中山大学出版社，2009。

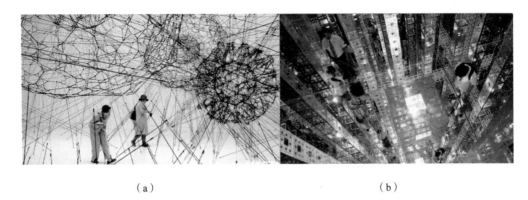

（a） （b）

图 2-4 装置艺术强调人、空间、作品的融合

（a）阿根廷艺术家托马斯•萨拉切诺的"自投罗网"；（b）法国装置艺术大师塞尔日•萨拉（Serge Salat 的"动静之光"

来源：（a）新华网 news.xinhuanet.com；（b）光明网 gmw.cn

博物馆的发展与文化艺术的发展有着千丝万缕的联系，正是这种新的艺术表达方式，引导了博物馆的形式和空间向更为灵活、多样的方向发展，同时使人在博物馆中的体验经历从参观行为扩展到其他更多的行为活动上。为了适应这种改变，新的博物馆空间模式的出现成为必然。与此同时，博物馆跟随社会价值观念的转变不仅仅体现在其策划的展览和文化活动中，而更多的是渗透在其工作原则和方法里——关心人类的状态，关心社会的发展，充分利用博物馆所能获得的资源，为社会分担更多责任等等——由此而引起的博物馆在项目定位、功能策划、空间模式、运营管理、技术应用等全方位的变革，成为一种新的博物馆发展趋势的促进力。

2.2 复合化趋势产生的内在因素

2.2.1 博物馆发展模式的转变

传统的博物馆注重对博物馆内在功能的实践，诸如有关管理、教育和保藏修复等具体问题的研究。随着生态环境、政治经济以及文化环境的变化，博物馆中呈现的民主化意识和社会责任感日益增强。新博物馆学的诞生，更是强化了博物馆对于"公共教育"、"社会角色"、"社区发展"等问题的关注。

另一方面，思想与学术的开放包容以及世界经济环境和结构的变化，让传统博物馆原先认为无关紧要或者仅限于内部探讨的问题，如商业、市场、娱乐、虚拟、多媒体等博物馆运营和展示方面的实践日益成为研究热点；一些新的用语——博物馆的美学经济、博物馆行销、展览策划、环球博物馆等——渐渐浮出水面。

20 世纪 70 ～ 80 年代的全球经济衰退让西方国家的政府和资助机构紧缩对博物馆

的拨款。在寻求危机过渡对策的过程中，一直酝酿的博物馆价值观念的改革能量终于得以释放。王宏钧在《中国博物馆学基础》中提到博物馆核心观念转变的 3 个方面:①从"非营利机构"向"不以营利为目的的机构"转变;②强调"人与物之间的结合";③主张"参与社会，服务社会"。欧美的博物馆认为"不以营利为目的"的潜台词是"博物馆可以通过适当的营利手段维持自身发展"。

综上所述，在这不断的发展过程中，博物馆的发展已经从以往的围绕藏品进行的学术建设，逐渐转向以观众为核心，学术建设、资金运作、组织管理三大环节并重的博物馆整体运营（图 2-5）。[1] 博物馆工作核心的转变也影响到博物馆学的研究核心:"博物馆学中的核心内容从收集、保存和研究具有内在审美价值的藏品转向艺术行政、展览策划与营销。"[2] 总而言之，面对经济和社会发展的挑战，博物馆的运营管理改革势在必行;与此同时，"应当更加强调人的需要，重视人与物的互动关系，更加接近社会生活的各个领域，更加接近人类科学技术、环境的今天和未来"[3]。

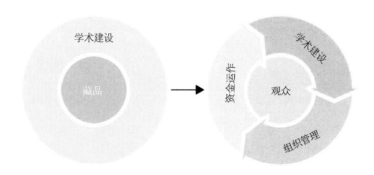

图 2-5　博物馆发展模式的转变

2.2.2　博物馆社会职能的扩展

来自博物馆的使用者、设计者、管理者以及博物馆的学术组织等社会不同层面的反馈信息显示，社会对博物馆的需求不断增加，博物馆的社会职能日益扩展。

1）来自对观众的使用反馈

台湾博物馆专家陈国宁在 2006 ～ 2008 年主持了"地方文化馆计划实施与检讨研究计划"，调查以博物馆的观众、网络使用者与附近未进馆参观的居民为对象，其中主要针对台湾地区超过 350 个博物馆的内部管理与外部评价的调查研究。调查问卷拟定的四大评量指标是：①整体功能与营运管理；②社区营造与地方特色发展；③多元发展与激发创意；④永续经营；⑤参观满意度。调查计划的结论还包括了台湾民众对地方博物馆

❶ 张子康，罗怡 . 美术馆。北京：中国青年出版社，2009: 50。
❷ 曹意强主编 . 美术博物馆学导论。杭州：中国美术学院出版社，2008: 6。
❸ 王宏钧主编 . 中国博物馆学基础。上海：上海古籍出版社，2001: 42。

的期许与需求：❶

（1）期许交通便利性的提升。

（2）期许地方博物馆能对地方文化有所发展贡献。

（3）期许地方文化馆提供丰富多样的展演活动内容和具创意性的教育活动。

（4）期许地方博物馆加强与周边地区景点进行策略联盟，建议可以透过策略联盟或营销手段来达到永续经营的目标。

（5）期许地方博物馆能提升地方文化形象并增加观众参与文化活动的机会。

2）来自博物馆协会的报告

美国博物馆协会（AAM）在20世纪90年代初发表的名为《卓越与公平——教育与博物馆的公共层面》的报告里指出：在当今的世界中，博物馆有双重的公共责任：一个是卓越的责任，保证知识上的严谨才能保证博物馆的品质，这是博物馆要继续维持的传统；另一个是追求公平性的责任，即博物馆应该有范围更广的教育活动以满足社会的多样性。1995年，该协会又发表了《新视界：改变博物馆的方法》，督促美国博物馆改进机构，改造内部文化，使之更亲和于公众和消费者，为更广泛的社会阶层提供更好的服务，更多的教育项目。

3）来自馆长论坛的议题

2001年10月至2006年6月，美国哈佛大学美术馆举办了博物馆馆长论坛，6位欧美著名博物馆的馆长把自己在实践中的经验作为演说的材料，他们从不同的阐述角度出发，但最后都归结到同一个中心议题：博物馆社会功能的扩大与经费紧缩的矛盾。博物馆日益变成公众娱乐、休闲、商业和精神提升等多种活动的场所，它需要更多的政策和发展资金的支持，但从20世纪70～80年代开始的全球经济衰退以来，各国政府以及相关的企业、机构的经费紧缩，直接导致了博物馆的资金短缺危机。有些博物馆为了维持而变相营利，对于应该履行的使命无暇顾及，开始引起公众对于博物馆公益性的质疑。面对这个由于资金紧张带来的更深层次的危机，6位馆长一致表示，博物馆的营利目的必须是致力于完善反映国家或民族创造智慧的藏品收藏，并不断强化作为社会的教育机构和服务机构的角色，为公众创造参观的便利。

4）来自设计师的设计总结

设计师波尔杰德·耶斯贝格也结合实践对未来博物馆的设计原理作出了总结，其中与建筑直接相关有以下5个"应该"：❷

（1）博物馆建筑应该是良好的珍宝仓库建筑，使藏品有良好的存放条件，并向科学研究者和进行调研性参观的人开放展出。

❶ 陈国宁．博物馆与社区的对话——台湾"地方文化馆计划"实施的研究分析[J]．博物馆发展研究，2008(3)。

❷ 波尔杰德·耶斯贝格也．未来博物馆设计原理[J]．世界建筑，1981(2)：60。

（2）博物馆建筑应该是能进行实验和学习的建筑。它应该是负责从藏品的保管一直到组织展览会、放映电影、电视以及学习节目的工作单位。

（3）博物馆建筑应该充当宽敞、可任意变换的舞台。在此舞台上，可不断更新演出有关过去、现在和构思未来的节目。

（4）博物馆建筑，从展出造型布置角度出发，应该为造型艺术、情报学、词义学开拓广泛研究的前景。

（5）博物馆建筑应该是学校建筑，必须设有座谈和讨论的房间，工作和练习车间，以及应用教学机和计算机进行学习的房间。

综上所述：承接着20世纪末的"以人为中心"的思想，博物馆在进入新世纪之初承载了社会和公众更多的期望，博物馆被赋予了越来越多的社会角色（表2-2）。

当代博物馆在社会中的角色与功能　　　　　　　　　　表2-2

不同对象	角色	功能
对公众	教育者	培养公众对文化艺术的兴趣，提高公众的文化艺术修养
	服务者	作为功能复合的便民机构，为公众提供多种公益性及消费性的服务
对相关产业	沟通者	搭建产业与创意沟通的桥梁，整合组织之间的现有资源
	倡导者	倡议政府制定相关政策或措施，提倡创新观念与作为
对政府	建言者	适时提出新观念、新议题等建言
	协助者	补充政府不足，包括参与、执行、合作、营销、推广
对社会发展	推广者	作为文化品牌使所在地区成为焦点，有助于改善当地文化结构
	提升者	提升当地的环境与生活品质，并与区域旅游及经济的发展构成互动

站在公众的角度，博物馆是城市的公共活动空间，尤其在一些欧美国家，它是公众周末消遣、享受休闲娱乐等服务的好去处；在那里，公众通过各种形式和途径的教育活动接受人文精神和价值观念的熏陶，获得更多接触文化活动的机会；而且，在博物馆进行私人活动，比如相约见面、会谈、聚会等，逐渐成为一种品位的象征（图2-6）。站在社会的角度，博物馆作为对各种产业的沟通者、倡导者，对政府的建言者、协助者，其有效的运营模式更有利于整合这些团体、组织之间的资源和关系，并且在此过程中为国家积累了有形与无形的财富。

（a）　　　　　　　　　　　　　　　　　　（b）

图 2-6　观众在博物馆中的私人活动

（a）卢浮宫官方中文网站；（b）Auckland Museum 餐厅

来源：（b）来自 flickr.con

站在更加宏观的角度，博物馆还代表了一个国家、城市和地区的独特性，它们与地方文化网络结合，成为塑造地方形象的文化舞台，也为各城市的文化、经济发展带来重要的提升力量，由此而产生的博物馆品牌效应也越来越得到重视。在很多老城改造重建的规划项目中，博物馆都被赋予重任，担当起拉动城市复兴引擎的角色。毕尔巴鄂古根海姆博物馆的成功随之鼓动了许多私人和政府业主的效仿，一些知名的后工业城市，如索福特劳瑞艺术中心、伦敦的泰特现代艺术馆、曼彻斯特的毕尔巴鄂中心等，如今都成了欧洲文化艺术的展示场。阿布扎比在预计 2012 年完工的快乐岛中投入巨资建设法国卢浮宫分馆，其借由世界一流博物馆的影响力向世界行销的用心可见一斑（图 2-7）。

总平面　　　　　　　　　　　　　　　　　　　　　　　室内效果图

图 2-7　阿布扎比卢浮宫分馆方案图

来源：让·努维尔工作室. 卢浮宫博物馆，阿布扎比，阿拉伯酋长国 [J]. 世界建筑，2006（09）

2.2.3　博物馆自身发展的矛盾

一切都在矛盾中不断地变化和发展，社会的经济、科技以及文化、艺术观点的不断前进使当代博物馆的发展现状成为必然；在社会职能进一步扩大的背景之下，当代博物馆的发展需要面对和解决更多的问题，而这些矛盾本身也成为当代博物馆自我调整、优化更新的重要推动力。

1）社会职能的扩展与自身可持续发展的矛盾

博物馆的社会职能不再只体现在学术的研究及传授上，作为社会公益性事业机构的博物馆在当代城市中担任的角色越来越重要，所承担的社会责任也越来越多——像进一步扩大文化传播的范围，贴近和丰富公众的公共生活，让观众获得更多的前所未有的体验，并为之提供更多的公共空间和服务休闲功能等等，当代博物馆对社会和公众的给予涵盖了从精神文化上到物质生活上的得益。

博物馆社会职能的扩大需要更多的政策和发展资金的支持，然而受到 20 世纪 70 ~ 80 年代的经济衰退影响，各国政府以及相关的企业、机构纷纷紧缩博物馆的年度开支。根据美国博物馆协会调查报告，当今美国政府对博物馆的资助减少了 1/3，加上企业捐款锐减，比起过去 10 年，博物馆的经费预算大约减少了 40%。[1] 而新世纪之初刚刚爆发的更为严重的全球性金融危机，更是让很多博物馆——尤其是受金融危机影响较大的一些国家和地区的博物馆——经受着更为严峻的考验。

因此，在博物馆的社会职能进一步扩大的背景之下，博物馆如何通过有效的运营模式维持自身持续良好的发展循环，同时平衡文化本质与商业化营销之间的天平，是博物馆在当代及未来发展中需要深入探讨并不断实践探索的重要课题。

2）社会化运营模式与传统建设模式的矛盾

在世界文化产业高度发展的今天，博物馆资金和藏品的社会化以及合作运营的领域进一步扩大，加上面临经济危机冲击下的经费紧缩，当代的博物馆一方面对内加大对副业经营的投入以求获得更高的运营资金；随着纪念品商店、咖啡馆、餐馆面积的不断扩大，博物馆在城市中的扩张模式成为发展重点。另一方面，博物馆积极对外寻求更多的合作体，因此博物馆与相关产业在学术交流上和业务经营上的合作渐渐成为一种新的趋势——企业得益于博物馆的品牌效应，而博物馆则得益于稳定的经费来源。这种合作模式包括与企业共同举办各类文化活动，为企业展览提供场地或策划，以及成为企业的附属机构等。除此以外，社会职能的扩大化也要求博物馆进一步向城市和公众开放，这需要博物馆与城市空间更为紧密地结合。

基于此背景，博物馆传统建设模式的不足日益显现。传统的博物馆绝大部分为独立的建筑体，占据独立的用地，以低密度的模式进行开发建设；因此在资源短缺，尤其是城市中心可开发用地缺乏，以及博物馆需要对外扩展合作的当代，这样的建设模式不利于与外界的多样复合，同时也难以在城市中心增建，在可达性低下的情况下谈博物馆

---

❶　刘惠媛. 博物馆的美学经济 [M]. 北京: 生活·读书·新知三联书店，2008。

的开放程度显得毫无意义。

事实上，当代博物馆的建设模式已经在发生改变。以企业博物馆为例，出于对经营管理效率的综合考虑，企业通常选择把扩张的部分设置在企业的开发用地之内，并且与企业的物业相结合。这样的博物馆不再以独立的建筑体出现，而是成了所在建筑物中的其中一个功能体块，一些传统的建筑元素——如外观、立面、轮廓等——均不在设计考虑之列。最为人所熟悉的案例是东京六本木的森美术馆，它位于企业在著名商圈中的超高层商厦塔楼，专门去消费的人可以顺便参观，专门去参观的人可以顺便消费，适应了东京高密度城市现状的同时带动了博物馆周边的商业发展。类似的例子还有很多，像日本的伊势丹、三越、西武、高岛屋，还有中国的保利集团、证大集团等著名企业也是把自己的美术馆设在商厦之中；拉斯维加斯古根海姆博物馆则建造在企业开发的酒店中，并可以通过酒店的赌场进入。在中国广州，与时代集团合作的国家级美术馆——广东美术馆——把其分馆开设在时代集团旗下的一个商业楼盘中，建筑师雷姆·库哈斯把博物馆分为几个功能体块分别设置在一栋高层住宅楼中的几个楼层。先不评论这种极端的设计模式对居民私密性生活可能造成的影响，这些现象的出现不断验证了一种趋势的存在："博物馆已经变成了一种'加法动物'"❶，博物馆只以独立的建筑体而存在的时代将最终成为过去。

3）功能和展示的多重体验与传统空间布局的矛盾

传统博物馆往往具有相类似的空间序列：从仪式化的门厅，到中央大厅的问讯处，再通过精美而宽敞的楼梯通往空洞辽阔二楼大厅，而展厅则对称地分布在中轴线两侧，展品摆放得一丝不苟，四周安静得连呼吸声都能听见。这些博物馆的空间形态和布局像纪念广场般让人生畏，并在很长的一段时间中影响了人们看待学术的方式，但却已不适应今天趋于多样化的博物馆功能和展示的发展。

在当代欧美国家的博物馆，纪念品商店、餐饮、娱乐休闲等商业与服务功能被重新定义，它们并不是附属于传统博物馆的三大功能——收藏、科研、教育——而被作为新一轮研究和工作的中心。对此，博物馆空间的设计应该体现对公共空间、服务空间体系及其流线组织的考虑。目前，已经有许多世界级的大博物馆，对于只是前来购物或用餐的公众实行免票，并重点观察与研究公众的"参观"和"消费"行为，以期规划设计出更有效率的空间布局和行动路线。除了普遍利用中庭、花园作为咖啡馆或者餐厅的所在之外，博物馆还尽可能多地开辟多功能的弹性空间，以配合各种社会或企业合办的文化活动，甚至为各种形式的活动提供场地出租。

另一方面，随着博物馆收藏范围和类型的不断扩大和细分，展示的主题、目的、形式日益多元化，除了历史文物、档案、照片、自然标本、艺术品之外，还可能是某一

❶ 道格拉斯·戴维斯. 增加、改造、修正——不断成长的博物馆 [J]. 世界建筑，2001(07)。

座遗址，或者是依然活着的动物和植物，甚至是一片见证历史的居民生活区。

而在当代艺术理念的影响下，博物馆——尤其是展示当代艺术的博物馆——对艺术作品的展示更强调体验，强调环境、观众和展品的融合和互动。除了根据博物馆室内空间的特点制作装置化艺术品以外，如今很多当代艺术的表达更倾向于一种半生活化的方式，所以其展示空间可能是一种即兴式的与社区结合的小空间，或者是一种分散的和现实生活结合得非常紧密的空间。比如在仍保留着岭南水乡特色的广州小洲村中，就散布了很多兼具博物馆功能的艺术家工作室；正是这里百年沉淀的历史氛围和"小桥流水人家"的生活气息得到了艺术家的青睐。在挑选双年展地点的时候，当代艺术家们也喜欢突破博物馆的空间界线，选择在城市的街道、广场、地铁站等更多能与公众贴近又或者被艺术家认为更能表现其作品意义的场所（图 2-8）。可见，传统的空间模式——如标准化的展厅、功能划分严格的空间、不具备通用特征的空间、严谨的空间布局等——已经难以适应当代博物馆功能和展示的多样化呈现。

图 2-8　脱离空间界线束缚的街头艺术

来源：让·努维尔工作室. 卢浮宫博物馆，阿布扎比 [J]. 世界建筑，2006（09）

2.3　复合化趋势的表现形式

在不断适应世界各个领域的发展潮流和社会需求，以及不断克服自身矛盾的过程中，博物馆开始脱离固有局限，日渐灵活、多样的存在形式让博物馆更易于与外界发生各种积极的联系和结合，为博物馆的优化累积能量；与此同时，当前的矛盾和局限促进博物馆对新的发展模式的呼唤，一种新的博物馆发展趋势渐渐浮出水面。传统的建设模式、限定的空间、刻板的功能分区、单一而封闭的运营管理等不足之处都将被打破，取而代之的是在项目定位、功能策划、空间模式、运营管理、技术应用等各个领域中均具有开放性、可变性和容纳度的"复合化"博物馆。

2.3.1　博物馆以多种形式与城市空间的结合

今天博物馆的概念与过去发生了很大的变化，博物馆的形式也呈现出多元化：有墙的，无墙的，实在的，虚拟的并存，农场、航船、煤矿、商场、工厂、城堡，甚至监狱、热带雨林都能化为形形色色的博物馆。另一方面，文化艺术理念、社会价值观的改变也对博物馆的设计理念产生了重要影响，博物馆作为最能发挥设计创意的建筑类型之一，其设计手法的运用往往体现了建筑师们的"浑身解数"——古典、现代、后现代、解构、极简、象征等各式各样的手法主义一应俱全，数字化技术和施工技术的进步更是为博物馆的设计掀开了新的一页（图2-9）。除此以外，博物馆设计的出发点也不再拘泥于对外观造型的过分关注，除了从整体城市文脉、周边环境、基地现状入手以外，更多的设计灵感来自于从博物馆的公共职能、运营管理、后续发展等内部逻辑的变化而引起的博物馆功能、流线、空间、结构的变化。可见，当代博物馆形式的多元化是客观条件和主观因素共同作用的结果。

图2-9　各种形式的博物馆

来源：（a）格拉茨美术馆，来自格拉茨美术馆官方网站；（b）毕尔巴鄂古根海姆博物馆，来自毕尔巴鄂古根海姆博物馆官方网站；（c）苏州博物馆，来自苏州博物馆官方网站；（d）大阪飞鸟博物馆，来自：蒋玲主编.博物馆建筑设计[M].北京：中国建筑工业出版社，2009；（e）大英博物馆，来源同（d）；（f）中国人民革命军事博物馆，来源同（d）；（g）斯图加特艺术博物馆，来自flickr.com；（h）纽约古根海姆博物馆，来源同（d）

在博物馆的复合化趋势之下，这种多元化渐渐发展为广义化。事实上，如今博物馆的存在形式已经开始不再受限于独立而专属的建筑形态；它可以是附属于其他建筑中的功能体，可以是一个场所、场景——废弃的路轨，充满历史风情的街道，商务办公区中的休息绿地，甚至是购物广场中的几堵展示墙，几台多媒体资讯电脑显示器，又或者是互联网上点击进入的虚拟博物馆……

在脱离了独立而专属的建筑形态限定后，博物馆得以以更丰富的形态与城市空间结合，从而得以以更集约的空间模式配合不断扩大的社会功能，也得以以更灵活的运营模式与相关产业合作。

首先，这些非建筑形式的博物馆无需占据独立用地，更易于被设置于商业中心、社区中心、居民活动中心等各种业已被高密度商业开发的城市中心地带，在一定程度上增加位于城市中心的博物馆数量；其次，它们更易于与各种环境紧密相融，尤其是对城市碎片空间——如旧的、废弃的建筑或场所，还有像高架桥底、建筑用地的"边角料"等——的利用与整合。博物馆以非建筑的形式与城市复合，实际上是一种应对目前城市资源短缺的有效办法，而同时也有利于城市空间品质的优化。

随着博物馆的形式从多元到广义，公众参观博物馆的心态与以前大不相同，他们不再对博物馆抱有一种景仰的感情，因为现在的博物馆可能位于主题公园、废弃工业园、购物中心，它们都是为公众提供娱乐休闲的地方，再也不只是建立在国家或民族基石上的文化标志。而且放松身心之后，观众从博物馆中获得的是更有意义的体验。

案例 2-1：博物馆分层植入高层住宅——广东美术馆时代分馆

时代集团开发的广东美术馆分馆（中国广州）与时代玫瑰园三期的一栋 19 层的高层住宅楼复合设计。建筑师把面积为 2700m² 的美术馆分成不同的功能体块分散地嵌入在住宅楼的首层、屋顶层以及其他几个不同的层面，它们通过 3 个独立的电梯系统连接（图 2-10）；美术馆除了展示空间以外还设有阅览室、档案室、咖啡厅、多功能厅、卫生间等公共设施，以及若干艺术家工作套间。❶ 在这里，各种各样的艺术体验以一种激进的模式融入了现实生活的；"高高在上"的美术馆成了时代玫瑰园的文化地标。

案例 2-2：藏纳纪念和思考的场所——欧洲犹太遇害者纪念碑群

欧洲犹太遇害者纪念碑群位于柏林市中心，与德国联邦议院和勃兰登堡门近在咫尺。纪念碑群由 2711 根长短不一的灰色碑柱组成 ❷，暗含网格模数，如同一片波涛起伏的石林；由于高宽比的有意制定，观众在地面起伏的碑林中行走时难以与外界产生直接的视线联系，不由自主产生一种不稳定的、迷失方向的感觉，这也是建筑师设计的出发点。档案展览馆被藏于地下，最大限度地弱化其对于地上场所的干扰（图 2-11）。这是一个以露天纪念场所的方式展示历史、引发思考的广义博物馆。

---

❶ 郭晓彦 . 广东美术馆时代分馆——一个艺术计划的实现 [J]. 时代建筑，2006(06)。
❷ 埃森曼建筑师事务所 . 欧洲犹太遇害者纪念碑 [J]. 世界建筑，2006(09)。

图 2-10　广东美术馆时代分馆方案图

来源：城市环境设计编辑部 . 广东美术馆时代分馆 . 城市环境设计，2009（12）

图 2-11　欧洲犹太遇害者纪念碑群

来源：左图来自：埃森曼建筑师事务所 . 欧洲犹太遇害者纪念碑 [J]. 世界建筑，2006（09）；右图由苏平提供

案例2-3：空中的"艺术岛"——"博物馆广场"（在建项目）

位于美国肯塔基州路易斯维尔市的"博物馆广场"由REX事务所设计，是一组容纳一座多媒体艺术博物馆，30万平方英尺的办公空间，235套公寓和住宅，300间酒店客房，以及一系列零售和娱乐设施的最高61层的综合体塔楼，不同功能的体块在塔楼中部通过博物馆所在的"艺术岛"连接起来（图2-12）。路易斯维尔大学也将把自己的艺术项目硕士课程和博物馆放到这座建筑中，成为一个集购物、休闲、商住、办公、文化、教育于一身的广义的城市广场。

图2-12 "博物馆广场"方案图

来源：chinavisual.com，右下图根据原图改绘

案例2-4：博物馆对城市碎片的缝合——科伦巴博物馆

德国科隆的科伦巴博物馆与一个旧天主教教堂的废墟复合建造，这片废墟上留下的是哥特式教堂的残余部分、罗马和中世纪的石头建筑废墟，以及一座建于1950年的

小型教堂。建筑师通过利落而整体的建筑体量整合了场地中的三部分建筑遗址、碎片，利用灰砖缝合教堂的残余立面组合成了博物馆的新立面，并在室内设置细长的立柱把新的展示空间架在了教堂的上部，使教堂的室内空间得以保留，而上部新的展示空间则展出有千年历史的罗马天主教区收藏品（图2-13）。科伦巴博物馆的设计在充分尊重原有建筑的同时，让新旧复合的形象成为博物馆的亮点。

图2-13　科隆柯伦巴博物馆

来源：左上图、左下图来自柯伦巴博物馆官方网站

案例2-5：融入生活中的文化展示——米博物馆

米博物馆位于东京银座商业区，寸土寸金的店面，一楼除销售以米制作的商品外，还有现场各式米食料理的教学和关于"米"知识的电脑多媒体展示屏幕；二楼是自助餐厅，为参观者及在商业街消遣的公众提供经济的米食。❶ 米博物馆通过轻松而活泼的方式与公众互动，成为一个推广"米食"小型教育基地。尽管这种运营模式被认为具有营利目的，但只要这类型的博物馆机构具备向公众开放，以及一定的展示的功能，并为公众提供公共服务，其博物馆的身份仍然得到了世界博物馆协会的承认。

---

❶ 刘惠媛. 博物馆的美学经济 [M]. 北京：生活·读书·新知三联书店，2008：114。

2.3.2 博物馆功能对社会化运营模式的配合

博物馆复合化趋势的一个基本特征就是博物馆功能的进一步扩大，"复合化博物馆"不再仅仅为收藏和展示服务，而是一个提供多种服务功能的复合机构。20 世纪 70 ~ 80 年代，博物馆开始通过引入一系列纪念品零售业以获得自身发展所需的资金，这是博物馆消费性服务功能的开端。

博物馆的服务功能主要体现在为公众带来的休闲娱乐体验方面，如咖啡馆、餐厅、纪念品商店、文化书店，这些都成了博物馆的基本配套功能（图 2-14）。与发展初期不同的是，如今的休闲娱乐功能在博物馆中所占的面积比例越来越多，"从 1949 年到 2002 年，大都会美术馆的馆内商店面积扩展了 30 倍"❶。另外，会议室、电影厅，甚至游乐场，还有各式各样为社会和公众的公共和私人活动而提供的空间或场所：比如在国外，很多新婚夫妇选择在博物馆中举行婚礼仪式，也有博物馆的中央大厅或者展厅被出租用作举办宴会、酒会、婚礼、时装发布会等的社交娱乐场所。

在毁誉参半的争议声中，博物馆的这种带有消费性质的服务功能正在不断地扩大其种类和范围，并逐渐加强与社会各个领域的关联性。比如，古根海姆系列的博物馆进行全球的"连锁经营"，纽约大都会博物馆和现代艺术博物馆的纪念品商店均在国内以及世界各地开设了分店面；博物馆更开始寻求与相关产业的合作，比如以博物馆为圆心开发创意产业圈，配合博物馆的展览策划促进当地旅游观光的活动，在各大购物中心售卖博物馆的纪念品等。这一切，要求博物馆的功能设置在前期定位、概念方案以及实施调整等阶段都需要作出设计考虑和配合。

案例 2-6：公益服务和消费服务并重——大都会博物馆

多次增建的纽约大都会博物馆一方面沿袭博物馆的优良传统，一方面通过现代化的运营管理方式以及扩展服务范围不断提升竞争优势。博物馆每天提供多种语言的免费导览；长年举办各种音乐会、演讲和影片欣赏，并为青少年及学童设计教材，为老人举办多种文化活动；馆内还设有图书馆和餐厅，4 家纪念品商店，还有各式各样的艺术图书、卡片、海报以及仿古的珠宝和饰品等创意商品。

---

❶ 段勇. 当代美国博物馆 [M]. 北京：科学出版社，2003。

图 2-14 各式各样的博物馆餐厅和商店

来源：（a）a Denver Art Museum shop；来自 flickr.com；（b）柏林犹太人博物馆商店；（c）Acropolis Museum cafe；

（d）Design Museum cafe；（e）Washington National Gallery of Art shop；（f）Kunsthistorisches Museum cafe；

（g）日本某博物馆餐厅；（h）Science Museum café

案例 2-7：中庭改建及服务功能拓展——大英博物馆

英国伦敦大英博物馆的 1994 年大中庭改建计划主要针对平面中心那个阻挡了南北参观流线的昏暗的图书馆，巧妙地利用美轮美奂的玻璃屋顶将其结合中庭一改而成舒适的休憩空间（图 2-15），并新增餐厅、咖啡、厕所、阅览及纪念品销售部等服务；另外的古老图书馆区新增的教育中心，可提供 1500 名学童使用，地下室设有考古室，2 个视听中心，5 间讲台及 1 个开放式的活动空间。❶ 在这个计划中，馆方以空间规划宣示将"服务观众"的精神纳入博物馆未来的经营理念。

图 2-15　改建后的大英博物馆中庭

来源：大英博物馆官方网站

案例 2-8：公共及服务动线的重组——卢浮宫

巴黎卢浮宫为改善原建筑动线不明、观众容易迷失方向的缺点开始改建计划。贝聿铭的"玻璃金字塔"入口与旧建筑浑然一体，巧妙地保留了历史的临场感。博物馆内部空间较过去大 2 倍，增设了视听室、会议室和大书店；经过改造，地下室可直接通往商业街、餐厅、咖啡厅和停车场（图 2-16）。1993 年开馆后，从诋毁到赞誉，博物馆成功缔造了巴黎新地标，每年吸引来自世界各地超过 600 万的参观人次。

---

❶　刘惠媛 . 博物馆的美学经济 [M]. 北京：生活・读书・新知三联书店，2008：114。

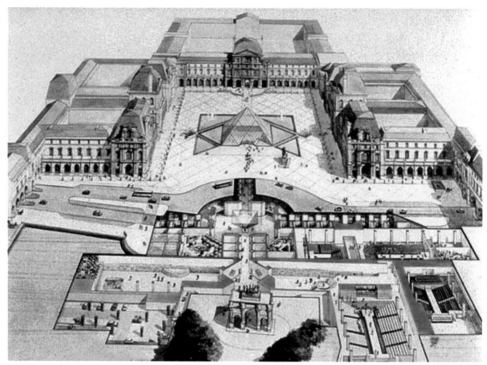

图 2-16　卢浮宫

来源：上图来自 hmw365.com；下图来自 hnmuseum.com

　　以上当代世界 3 大最顶尖博物馆案例表明，在博物馆的理论和实践的共同发展之下，博物馆的功能已经从以往的收藏、研究、教育，扩大到如今的包括了各种公益性或者消费性服务项目。在这个过程中，人的需要得到了前所未有的放大，博物馆功能的消费属性也逐渐被认可，这为博物馆的良好运营提供了基础。

2.3.3 博物馆空间与多样化体验行为的融合

以人的愉悦体验为中心，人的身体、情感等全面经验开始取代纯粹的视觉中心主义，这成了当代博物馆建筑与展示的新的审美价值取向：展示更注重与观众的互动交流，更注重扩展观众的生活经验、经历和感受；而博物馆的空间则成为一个包容的整体，促进人们通过各种知觉来体验世界。这一切都与当代的艺术理念相吻合：参与性、过程性、偶发性、多义性等成为作品的本身，环境和时间比作品更重要。

在复合化趋势之下，是公共性、公益性、服务性、娱乐性等多种性质的共存决定了博物馆的功能配置不再单一，而同时也带来了各种具有复合特征的空间模式，这有利于强化空间对于发展的适应性，以及在有限的条件下提高空间的使用效率。

案例 2-9：多功能的共享空间——泰特现代美术馆

伦敦的泰特现代美术馆原身是一座发电厂，建筑师将巨大的涡轮车间改造成既可举行小型聚会、摆放艺术品，又具有主要通道和集散地功能的大厅，既能容纳大量的人流，也能满足不同展示的需要。这个多功能空间曾向世人展示过许多著名的当代艺术作品，除此以外，还可以用作举办宴会、酒会，以及各种商业发布会等活动（图 2-17）。泰特现代美术馆成为了伦敦甚至是世界的文化、艺术和时尚的聚集地。

多功能涡轮大厅　　　　　　在涡轮大厅举办的酒会

图 2-17　泰特现代美术馆

来源：左图来自泰特现代美术馆官方网站；右图来自 *flickr.com*

案例 2-10：多维度的艺术观赏角度——所罗门古根海姆博物馆

纽约所罗门古根海姆博物馆中著名的螺旋坡道空间环绕圆形建筑从底层盘旋上升，观众乘电梯到顶层后沿着多层环绕的斜坡边走边参观，展品被布置在这个开放的公共大厅里，观众在欣赏绘画作品的同时也作为了其他人眼中的展品（图2-18）。尽管其展示方式被认为对画作的欣赏效果产生影响，但这个公共行为和观展行为完美融合的空间形态却由于强化了观众的视觉和体验而获得高度的肯定。

图 2-18　纽约古根海姆博物馆

来源：左图来自 blog.sina.com.cn；右图来自 popo.blog.163.com

案例 2-11：观展、消费与体验互动——沃尔夫斯堡科学中心

德国沃尔夫斯堡科学中心贯彻了建筑师擅长的现浇自密实混凝土三维曲面造型，建筑内部通过微高差——设置地面起坡、坡道——的方法把包括消费服务在内的多种功能和行为融为一体的整体空间（图2-19）。其中，被利用作为科学玩具商店和简单餐饮区域的夹层和下沉空间，与主体展示空间在视线上和行动上均能通达，在空间形态和空间氛围上起到互相丰富的作用。年轻人在这个无柱的共享大空间里体验各种有趣的科学装置并参与其中。

图 2-19　沃尔夫斯堡科学中心的开放式商店

2.4　当代博物馆复合化趋势的含义

在不断适应世界经济、文化、艺术等各个领域的发展潮流以及不断克服自身矛盾的过程中，博物馆开始脱离固有局限，日渐灵活、多样的存在形式让博物馆更易于与外界发生各种积极的联系和结合，一种全新的博物馆发展趋势渐渐浮出水面——"复合"代表了一种有利于各种关系的理顺共融，以及有利于各种资源的高效共享的发展模式。

博物馆复合化趋势的含义是：随着社会、经济、文化的转型发展，博物馆的存在形式日趋多元化，表现为功能、空间和运营模式等各方面的复合化发展，以达到对有限资源的充分利用，从而实现博物馆与城市的有机结合，以及其公共职能的扩大化、社会化和服务化，同时促进博物馆自身的可持续发展。

在复合化的趋势下，这种新型的博物馆模式更能适应社会发展的客观环境，并解决发展过程中的矛盾；它有利于以展示为主体的文化设施在城市中更为广泛和均衡的分布，有利于灵活应对当前经济环境以及资源配置的变化，有利于增强文化艺术与社会其他领域之间的合作交流；它是时代发展的结果，是外在因素和内在因素共同赋予博物馆的新的使命（图2-20）。

图2-20　内外因素共同作用之下的博物馆复合化趋势

第三章 复合化趋势下的中国博物馆

早在先秦时期，中国的王室和贵族的宗庙、府库就已经有大量的文物收藏，但真正意义上的博物馆历史在中国的开启要追溯到辛亥革命之后，距今也只有百年。可以说，中国的博物馆事业在跌宕起伏的中国近现代史中风雨飘摇地成长，直到 20 世纪 80 年代初，其发展前景才逐渐明朗起来。

进入 21 世纪，随着 2008 年奥运会在北京的举办，中国的博物馆事业掀起了前所未有的发展高潮。这段时期也正是复合化趋势在当代世界博物馆发展中逐渐蔓延成形的过程，它是博物馆发展过程中的客观产物，它影响着当代世界博物馆以及中国博物馆的发展走向。在此背景之下，当代中国博物馆呼唤一种新的发展模式，使其更易于与其所在的区域环境、人文环境、经济环境灵活相融，从而更有效地传播文化，更好地为公众和社会服务；与此同时，当代中国博物馆的相关理念和设计方法也应该在自觉适应社会需要的进程中不断地自我修正、充实、发展。

面对机遇和挑战，在一切付诸行动之前，首先应该是一个反思和分析的过程。

3.1 复合化趋势为当代中国博物馆的发展带来挑战

经过一二十年的发展，中国的博物馆的典藏、保存、展示、研究、教育、推广、社会服务等功能日益完善和丰富。在分类上，博物馆的分类逐步趋向全面，而收藏品的种类所覆盖的范围也越来越广。在管理体制上，当代中国博物馆中 89.3% 在行政组织上属于政府的附属机构，从业务到经费到人事制度甚至到展览活动都体现了政府的意志。在功能设置上，休闲娱乐功能初现端倪，但基本功能仍然是围绕藏品的收藏、研究、教育。在专业工作上，开始进入管理信息化、展示技术化的起步阶段，利用网络、计算机、通信等现代信息技术，通过对博物馆信息资源的深度开发和广泛利用，不断提高收藏、研究、陈列、宣传、管理和服务的效率和水平。在建筑设计上，象征意义似乎一直都是博物馆建筑沿用的主流设计手法，只是在不同的时代，基于不同的技术水平，象征性的设计手法有着不同的诠释。

从总体上看，中国的博物馆起步较晚，各地区博物馆的发展水平参差不齐，与国外先进的博物馆比较仍然相对滞后。本书 1.1.3 节中列举了 7 组现象，从其中的一些情景、笔者经历以及相关数据的显示中，当代中国博物馆的发展存在许多不足之处，这些外在的表象作为博物馆不同的侧面是其内在深层问题的反映。

3.1.1 中国博物馆发展的存在问题

1）人均占有量低：服务覆盖面有限

中国博物馆的建设在近十年间达到了前所未有的兴盛，据国家文物局统计，2009年中国已拥有合乎专业标准的博物馆 2601 所，对比起 1996 年统计的 1210 座，是一个惊人的飞跃；单从数量上看，已经与一些发达国家不相伯仲。但事实上，2601 座博物馆对于中国这个有着 13 亿人口和 960 万 km² 疆土的国家，还远远不够。表 3-1 是世界部分国家博物馆数量和国土、人口的比照表。由于资料来源有限，除中国以外，其他国家的统计年度均为 20 世纪 90 年代，但这依然不会对结论产生影响。

世界部分国家博物馆数量和国土、人口比照 　　　　表3-1

国家	统计年度	国土面积（km²）	人口数（万）	博物馆数量	人口 / 博物馆（万人 / 座）	数量排序	比例排序
美国	1996	9372614	25388.7	约8300	3.056	1	10
德国	1993	356545	7950.0	4682	1.698	2	6
意大利	1992	301263	5641.1	3442	1.639	3	5
日本	1996	377748	12392.1	3720	3.331	4	11
中国	2009	9572900	133972.5	2601	51.508	5	16
澳大利亚	1991	7682300	1733.6	约1900	0.916	6	2
英国	1996	244100	5736.7	约1700	3.375	7	12
法国	1992	551602	5672.0	约1500	4.363	8	14
俄国	1993	17100000	14810.0	1478	10.020	9	15
加拿大	1990	9976139	2699.2	约1400	1.996	10	8
瑞典	1993	449964	864.3	776	1.114	11	4
荷兰	1993	41548	1513.1	732	2.067	12	9
奥地利	1993	83853	786.1	712	1.104	13	3
匈牙利	1993	93033	1034.1	529	1.955	14	7
挪威	1993	386974	426.2	475	0.897	15	1
瑞士	1993	41293	683.2	197	3.468	16	13

来源：王宏钧 主编 . 中国博物馆学基础 [M]. 上海：上海古籍出版社，2009：129；根据书中内容整理。

表 3-1 的数据显示：从人均拥有量来看，2009 年，中国每 51.5 万人拥有一所博物馆，而有些国家——如挪威、澳大利亚——在 20 世纪 90 年代初就实现了不到 1 万人就能拥有一所博物馆；从博物馆在国土中的分布密度看，尽管中国博物馆的总量不少，可一旦涉及人均和覆盖面上就显得极其不足。可想而知，中国博物馆在整个国家中的文化传播、公共教育、社会服务等方面所真正起到的作用也十分有限。

2）与城市结合度低：规划体系未形成

中国博物馆的规划分布体系未完善，其中的一个重要原因是博物馆的行政管理体系的不健全——缺乏与城市文化规划的统筹结合，缺乏整套的宏观视野为博物馆在城市中的发展协调各种社会资源，并制定长远的发展规划。

在欧洲，"周末去博物馆找乐"之所以能成为市民的习惯性行为，很重要的原因之一是在各个级别的城市公共活动区域，它们随处可见，并步行可达；它们往往与市民广场、商业中心、城市公园等紧密结合，所以，人们在日常的户外活动中很方便也很自然地就到博物馆里消遣。然而在中国，尽管博物馆的数量正在与日俱增，但由于用地、投入等各方面的原因并没有增建在公众起居、工作和活动的集散地，所以普罗大众对于博物馆数量上的变化往往缺乏直观的感知。根据北京地区的博物馆分布统计：截至2009年，北京地区共有各类博物馆121座，其中位于城区的约占总数的41.9%，近郊区约占总数的37.2%，远郊区约占总数的20.8%。图3-1的数据显示，北京地区的博物馆，位于市区内的仅占总数大约四成的比例，这意味着市民想参观更多的博物馆就不得不长途跋涉地前往。

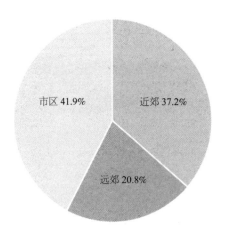

图3-1　北京博物馆的分布情况

事实上不仅仅是北京，中国大部分高密度城市都存在着博物馆的选址与其可达性的矛盾。首先，新建的省级、市级的大型综合博物馆一般倾向选址在尚未发展完善的新城市中心，这里的公共交通往往未能便利接驳，周边的商业、居住、文化娱乐等设施配套的发展也有待成熟。比如广州各大城市中心——北京路商圈、上下九商圈、天河路商圈——均缺乏重要的博物馆；而像广东省博物馆、广州市规划展览馆以及广州大学城的科学中心，这3座新建的同时也是目前广州最重要的文化展示建筑，前两者均被规划在珠江新城和白云新城这两大新城中心，而后者则位于远离市区的广州大学城内（图3-2）。3座博物馆距离3个城市中心基本达5km以上，而且在公共交通的便利以及周边配套设施的完善方面均需要相当一段的发展时间，这显然超出了公众对于日常使用的公共文化设施可以接受的出行距离（图 3-3）。

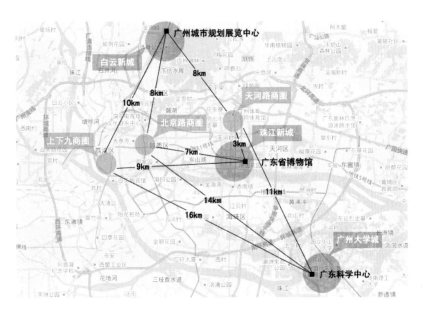

图 3-2　广州 3 大新建博物馆的分布情况

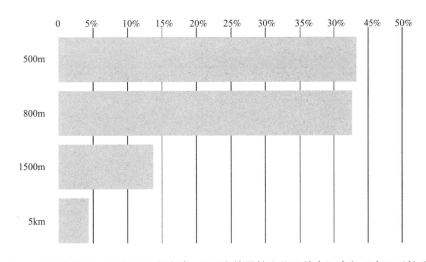

图 3-3　北京市海淀区文化发展调查统计：对日常使用的文化设施多远出行距离可以接受

来源：转引自：黄鹤. 文化规划——基于文化资源的城市整体发展策略 [M]. 北京：中国建筑工业出版社，2010: 112

　　其次，即使是分布在城市各处的博物馆，在整体格局上也缺乏立足宏观的城市分布体系。正如上文所说，城市中心的高密度往往不允许它们选址在公众聚集的区域，一些原来位于中心区的博物馆可能因为满足城市更新的需要而搬迁到市郊，并且博物馆相互之间也缺乏便利的公共交通接驳；甚至还有观念上的原因——为了配合博物馆所谓的高雅气质而在选择时刻意避开商业区。比如广州的二沙岛在当初规划时就被定位为以高级住宅区为主并配套以高端文化体育设施的区域，这里环境优美宁静，但没有直达地铁，只有少量公交线路，过往的出租车也稀少，与市中心的公共交通联系十分不便；因此，广东美术馆所接待的参观者均以受教育程度较高的学生和专业人士为主，而其他市民，尤其是老人和儿童，到访的频率则大大降低。

与此同时，结合居住区中心设置的社区博物馆在目前中国的城市中也属凤毛麟角，仍未能起到对于博物馆的规划体系的有效补充。可以说，博物馆与城市的结合度低，以及公众参观博物馆的文化和习惯由于缺乏便利的可达性而难以形成，很大程度上是中国的博物馆缺乏长远而完整的规划体系所导致。

3）均衡性程度低：各类型博物馆的数量及资源分配不均

均衡性程度低首先体现在以展示内容划分的博物馆的数量比例上。根据中国国家文物局发布的《2009 年全国博物馆名录》里的信息进行估算性的统计：在全国 2601 所合乎专业标准的博物馆中，历史类博物馆占 47%，综合类博物馆占 26%，科学类博物馆占 14%，艺术类博物馆占 8%，余下的其他类型占 6%。图 3-4 的数据显示：以展示社会史、革命史、事件纪念、遗址、民族民俗以及各个地区的地方志等内容为主的历史类博物馆和综合类博物馆在数量上有绝对的优势；以展示自然、科学、技术、天文、地理等内容为主的科学类博物馆处于相对不足的状态；而以展示历史和当代具有艺术和美学价值的藏品的艺术类博物馆，以及以展示各种行业、特定或特殊事物为主的其他类型的博物馆，则处于极其不足的状态。

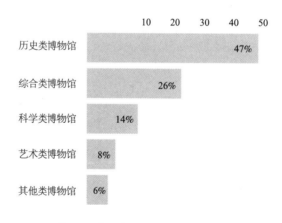

图 3-4 中国各类博物馆的数量比较

均衡性程度低还体现在民营博物馆的数量比例，以及所获资源投入的情况上。民营博物馆是由私人、私人机构或企业出资、拥有及管理的博物馆，它们成立有些是出于对文化艺术的热爱以及慈善的理由，也有一部分是出于企业发展战略的考虑。2006 年

1月1日，中国文化部发布的《博物馆管理办法》❶宣示："国家扶持和发展博物馆事业，鼓励个人、法人和其他组织设立博物馆。"尽管该办法为私立博物馆的规范发展奠定了制度基础，但民营博物馆在中国仍然缺乏一个良好的运作环境。

目前民营博物馆只占中国博物馆总数的 10.7%，由于法律体系和行政管理体系未能完善，其公益性身份难以得到公众的认识和信任，同时也缺乏专业化的管理和技术指导，以及经常性的馆际交流合作机会，更普遍无法占据城市中心的良好地段。除极少数的民营企业类的博物馆外，很多民营博物馆由于场地、资金和藏品数量的限制，无法摆脱家庭收藏室的规模框架，经常面临被迫搬迁、被淘汰的命运。

相比之下，国有博物馆拥有固定的资金和社会身份，以及国家对其管理和学术建设的支持，尤其在馆舍用地方面的更占有绝对的优势。事实上，民营博物馆在资金运转上更加灵活，在学术上更加敏感，展览主题与收藏更加开放与多元；另一方面，民营博物馆的展览以民俗民间艺术、当代艺术，以及与各行业技术产品相结合为主，这在保护了民族传统文化的同时，也可以补充目前博物馆展示内容分类不均的不足。

4）开放性程度低：公共空间的比例及性能有待提升

如今，中国的博物馆开始通过免票来提升自身面向社会的开放性。温家宝总理在 2008 年的"两会"政府工作报告中宣布公益性博物馆、纪念馆和全国的爱国主义教育示范基地，在 2 年内将会全部免费向社会开放。2011 年 2 月，文化部、财政部日前出台意见明确：2011 年底之前国家级、省级美术馆全部向公众免费开放；2012 年底之前各级美术馆将全部向公众免费开放。事实上，博物馆的陆续免费开放受到了社会的广泛欢迎，参观人数大体是原来没有免费开放时人数的 5 ～ 15 倍。但是，只通过免票提高开放性是远远不够的，而且免费开放后带来的一系列问题——服务能力、配套设施、安全秩序、管理水平等——也亟待解决。

博物馆的开放性很大程度上体现在公共空间的面积比例及其性能上，而中国博物馆的开放性程度低，首要表现就是公共空间在博物馆中所占的面积比例少（表 3-2）。

表 3-2 中列举了中国较为重要的几个国有博物馆与欧、美、日的几个博物馆在公共空间面积比例上的对比。通过数字显示：以公共空间中除开交通面积之后的公共服务空间在博物馆里的面积比例为例，中国的博物馆总体不超过 10%，甚至有的还不到 3%，像南京博物院、中国美术馆这种大型的国家级博物馆也只是分别占 3.8% 和 8%。欧、美、日国家的博物馆的公共空间比例则均在 10% 以上，滚石名人堂博物馆更达到了 42.8%。从这些数据中可见，目前博物馆设计对公共空间在博物馆中的面积比例尚且没有一个明确的量化标准，但有一点可以肯定：公共空间在西方的博物馆中拥有比在中国博物馆中更高的地位，中国的博物馆缺乏公共空间。

❶ 《博物馆管理办法》是国家文化部在 2005 年 12 月 22 日通过，2006 年 1 月 1 日施行的博物馆管理条例。

中国的博物馆	公共服务区所占面积比例 （%）	外国的博物馆	公共服务区所占面积比例 （%）
陕西历史博物馆	3.9	大英博物馆	36.7
中国美术馆	8	卢浮宫	39.5
上海自然博物馆	10	大都会博物馆	38
中国历史博物馆	2.8	泰特现代美术馆	35.2
南京博物院	3.8	纽约现代美术馆	40.7
中国科技馆二期	10	蓬皮杜艺术中心	37.7
上海美术馆	8	滚石名人堂及博物馆	42.8
广东美术馆	9.2	明尼苏达儿童博物馆	18.9
今日美术馆	9.5	日本大涌谷自然科学馆	20

来源：蒋玲主编.博物馆建筑设计[M].北京：中国建筑工业出版社，2009，根据书中的相关数据，以及对部分博物馆的面积构成进行估算后绘制。

　　在中国的博物馆缺乏公共空间这一问题上，也许很多人持否定态度；他们认为，如今的博物馆基本都有入口广场、门厅、休息处、中庭、庭院，有的大规模的博物馆还提供了餐饮或者纪念品销售的区域。的确，业界及相关部门对博物馆公共空间的设置有了一定程度的重视，而且表面上，公共空间似乎也已经成为博物馆空间不可或缺的部分；然而落到实处，这些公共空间的面积是否达标，其使用效率是否高，在平面布局中是否合理，空间格局是否具有开放性，设施是否齐全，气氛是否有足够的吸引力留住公众等，均没有统一的评价标准。相当一部分博物馆的决策者、投资者和管理者甚至设计者对公共空间的理解是：有就可以了。

　　因此，在这种思想的影响下，中国博物馆的公共空间性能未能充分发挥。这导致公共空间给人的印象可能只是空旷而缺乏活动和停留设施的纪念广场，或者是小而无味的过厅，或者是展厅角落里的一条不起眼的长凳，又或者是无甚吸引力的纪念品商店和简陋的餐饮场所。相比之下，在欧美发达国家的博物馆设计中，公共空间成为设计的重点。因为博物馆的决策者、投资者和管理者都知道，要让博物馆更具魅力，吸引公众周而复始地回到博物馆，公共空间塑造的成功与否十分关键。例如，他们会让咖啡店、纪念品商店沿路布置并且开放首层或者庭院，以此提高公共空间的可达性；另一方面，面向城市的空间格局、开放气氛的营造、舒适的休息座椅设置等都是一个好的公共空间应该具备的品质。近年来中国博物馆的设计和建设水平有了很大的进步，公共空间也越来越成为设计师发挥创意的地方，然而成功的公共空间应该是从城市、社会和公众的各种具体需求出发，在兼具自我表现的同时真正为城市解决实际问题，并为社会和公众提供良好的活动场地和服务设施。

5) 功能定位单一：服务意识及社会化运营程度低

随着社会的发展和观念的更新，尤其是 20 世纪 80 年代以来，寻找多渠道的经费来源成为世界多数地区的博物馆持续健康生存的必然之举，一直恪守非营利性质的博物馆不再是传统意义上征集、保存、展示的机构，而是集文化、学术、消费、休闲、娱乐等功能于一身的复合场所。其中最突出的是消费性服务功能的拓展。

在中国，博物馆学对博物馆功能的认识一直持有的观点是：收藏、研究、教育，此 3 点概括了博物馆的基本功能，也反映了博物馆工作的主要内容。发展至今，藏品仍然是博物馆主要工作和活动的物质基础，一切围绕藏品进行的收藏、研究、教育是博物馆最重要的任务。相对而言，基于运营需要而作出的功能的定位、设置以及具体的设计则普遍缺乏。与此同时，围绕观众的服务意识和功能，尽管在中国博物馆学的相关理论中有所提及，一些大型的国有博物馆以及发展相对稳定的民营博物馆里也开始出现相应的服务项目和服务设施，但是由于观念上没有彻底认识和普及，业界和相关部门在行动上并未见真正的关注和落实，从服务空间的面积、服务流线的设置、服务项目的种类到服务的品质，都存在着很大的提升空间。

中国博物馆普遍的功能定位单一，其中一个主要原因是其社会化运营程度低。统计至 2009 年，中国的博物馆当中，89.3% 是国家、省（自治区）、市、县（区）政府或不同部门、机关所建立的国有博物馆，这部分博物馆在行政组织上属于政府的附属机构，其主要的经费来源是国家财政拨款，运营管理受政府控制并体现政府的意志。

事实上，中国政府目前的文化资助比例较之发达国家处在较低的水平，即使是国家级大馆中国美术馆 2008 年用于收藏的拨款也只有 500 万元人民币，这个金额只是台湾地区美术馆一个零头，更不能和欧美的博物馆相提并论，甚至无法在拍卖场上买到一幅当代艺术家的画作。[1] 国家级博物馆尚且如此，其他级别的博物馆以及民营非企业博物馆的经费就更少。"黑龙江省美术馆，2006 年的财政拨款是 240 万元，其中人力资源费 180 万元，收藏费 50 万元，办公费 10 万元，根本无余钱策划展览……"[2]

正是由于一直依赖国家的财政拨款，中国的国有博物馆普遍社会化、市场化运营程度较低，经费和藏品的来源相对局限，很大一部分博物馆由于资金的缺乏，无法完成藏品增换、馆舍修缮、设备更新、管理改革、人才引进等一系列博物馆运营和发展所不

❶ 张子康，罗怡．美术馆 [M]．北京：中国青年出版社，2009：128。
❷ 今日艺术网，黑龙江美术馆馆长徐焕昌的谈话。

可缺少的环节。有些博物馆的藏品自建成开业以来就没有变过，门可罗雀在所难免，从而进入了"越没人去，越没收入，越没收入，越没人去"的恶性循环。另一方面，长期对政府意志和决策的依赖，导致大多数中国博物馆的服务意识低下，对公众喜恶的关注普遍存在一种惰性，很多博物馆所提供的服务也往往只流于表面，并不是真正从观众的角度出发，无法体现落到细处的用心。总的来说，在市场经济高度发展的今天，由于社会化运营程度的低下而引起的资金和藏品不足、功能设置缺乏多样化以及服务水平的不足，将最终使博物馆失去市场竞争力。

6）空间适应力低：面对功能和展示的变化应对不足

社会职能的日益扩大让博物馆需要为公众策划各种活动并为这些活动以及公众的各种会晤、约见、聚会提供空间，因此博物馆空间应该提高应对变化的能力。比如，欧美一些博物馆把内部的空间出租用作举办宴会、酒会、时装发布会等活动的时候，博物馆仍然可以不受干扰地从事本职工作。又比如，博物馆的人流量经常会因为某些情况而激增，因此在博物馆设计中应该预先为这些情况的发生作出的空间的预留或流线改变等应变措施。再比如，博物馆在为商店、餐厅、咖啡厅提供经营空间的时候，必须要基于发展角度对这些经营空间的面积、规模、流线以及在博物馆中的位置等进行先行的考虑，以让空间在经营规模需要扩充的时候能配合作出及时的应变。

然而实际上，中国博物馆的空间设计大多未能应对由于功能的变化引起的空间变化，以笔者在上海美术馆参观艺术双年展的亲身经历为例：排队等候的人龙在博物馆建筑的外围绕圈，博物馆内拥挤不堪，观众在走廊式的展示空间里排着队簇拥着边走边观看，而布置于交通厅的每层仅存的几张凳子早已被占据一空。

另一方面，当代的博物馆以人的愉悦、情感体验为中心，因而在展览中注重观众与展品的互动，注重扩展人们的生活经验、经历和感受，通过各种知觉来体验世界；与此同时，现代艺术的各种观念和思想的更新以及多媒体、网络与虚拟现实技术等高科技的进驻，使得博物馆的展示方式获得了新的发展，并由此带动了展示空间的尺度、形态、结构、布局等方面发展的新趋势。为了满足当代艺术作品对参与性、过程性和偶发性的要求，传统的串联式、放射式、大厅式 ❶ 等线形的平面化的展厅组织将逐渐向通用式、混合式、网络式等多维多义的空间模式转变。

目前中国博物馆的展示仍然普遍以传统的形式为主——展示内容多为文物、绘画、摄影、档案等实物的静态展览，展示序列往往按主题、历史时间的先后、事物的发展规律等线形以及平面化的方式组织。对此，《建筑设计资料集》❷ 指出博物馆展厅的柱距一般不应小于 7m，高度不应小于 5m，这是对陈列空间最小的尺寸限定，也是一般展厅

---

❶　蒋玲主编．博物馆建筑设计 [M]．北京：中国建筑工业出版社，2009：63。
❷　《建筑设计资料集》编委会．建筑设计资料集 [M]．北京：中国建筑工业出版社，1994。

的标准化模式。然而随着高科技展示方式的兴起，艺术作品对展厅的空间、尺度、形态以及声光电设备等各方面的要求越来越复杂，这种以矩形为主的小尺度标准展示空间必将日益表现出对当代强调参与、动态、可变的展示形式的不适应。

3.1.2 存在问题的成因分析

1）文化因素：传统礼制在中国的城市、建筑以及风土人文上的显影，影响了公共空间文化以及博物馆文化的形成

在汉以后整个漫长的中国封建社会中，作为"正统"的儒家思想以"礼"❶为中心，把"礼"看作是一切行为的最高指导思想。这种哲学和理论将建筑纳入一种模式之中，大部分的城市规划、建筑制式，从王城到宅院，无论内容、布局、外形，无一不是以礼制的精神为最高的追求目标（图3-5）。墙体是守卫"礼制"的武器；筑起城墙而后有城市，修成院墙而后有宅院。可见，中国古代的城市是一种"自外而内"的发展模式，这一点与西方古代的城市相反，西方城市以开放的空间（广场）组织而成，广场是交通转接点，是市民日常城市生活的中心。中国古代城市则少有开放的公共活动场所，墙体纵横垂直的棋盘式布局更多是形成了内向的私密性的户外空间（图3-6）。

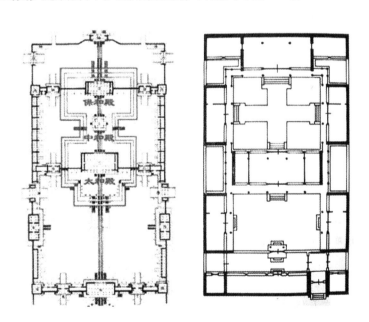

图3-5 故宫与传统四合院建筑的同构关系

来源：故宫三大殿平面来自：刘敦桢主编 . 中国古代建筑史 [M]. 北京：中国建筑工业出版社，1984；
四合院平面来自：楼庆西 . 中国古建筑二十讲 [M]. 北京：生活·读书·新知三联书店，2001

---

❶ 约于公元前 11 世纪左右，周代在建国之始便将夏商以来的各种国家的制度、社会的秩序、人民的生活方式、行为标准等进行总结，在此基础上制定了自己的制度和标准，称之为"礼"。内容参考：李允鉌 . 华夏意匠——中国古典建筑设计原理分析 [M]. 天津：天津大学出版社，2005：100。

图 3-6　中国与西方城市布局对比

来源：pysyw.com

　　长期封建的思想禁锢、严格的制度管理以及封闭的生活方式，使中国古代人民多数缺乏对"自我价值"的认识，历朝的文化传播主要依靠官方进行，民间自行组织的集会等文化传播活动一般不被认可甚至受到打压，加上公共活动空间缺乏大型节点和总体结构，造成中国人没有形成在公共领域通过公开、自由的方式表达或者获取资讯的传统。这种影响一直延续至今。尽管中国如今渐渐有了"公共空间"的概念，然而包括博物馆在内的众多公共建筑或者场所的公共性和开放性仍然没有得到充分的体现：这类场所和空间可能首先要为政府或其他一些特殊功能服务，如国庆阅兵、举办大型文艺表演等（图3-7），因此在设计上往往更强调威严感、仪式感，人待在里面会有不自在的感觉，公众无法真正使用这些地方，更加无法形成习惯性的行为。

图 3-7　庄严的天安门广场

来源：右图来自 cret.cnu.edu.cn

中国博物馆的发展在某种程度上是公共空间现状的折射。欧洲的博物馆是城市公共活动空间的重要组成部分，是很多家庭周末消遣的首选之地（图3-8）；而在中国，强势的政府意志之下，博物馆往往成为宣传国家发展主旋律的机构。可以说，这种以博物馆为公众自由活动的场所，以博物馆为文化传播和教育的途径，以去博物馆为接受资讯和教育以及得到休闲享受的习惯和文化在中国有待形成。

图 3-8　人气兴旺的圣马可广场

来源：左图由苏平提供；右图来自 daotoo.com

2）经济因素：经济发展过程中的历史遗留问题来不及消解

从传统消费观念来看，自古以来，反对奢华浪费一直是中国社会一种浓厚的主流意识，每当奢靡的风气盛行起来时，普罗大众在心理上都会对其浪费人力、物力而产生抵触情绪。可以说，中国的建筑是在"满足最大限度的要求"和"尽量节省人力、物力"的矛盾下建造出来的。有部分研究中国古典建筑的中外学者认为：崇尚节俭，坚持朴素的建筑设计原则，对中国建筑在技术和艺术等相关领域的进步起到了一定的限制作用，这种限制自然也辐射到了中国博物馆的建设历程之中。

中国博物馆的发展在近代历史上一直受到经济环境的制约，举步维艰，人们生活温饱难求，在物质需要远远未达最低标准的时候，精神需要更成了奢求。而同一时期，西方发达国家的博物馆建设正处于蓬勃发展的阶段，很多新的社会定位、设计理念、运作模式等都陆续登上发展的快车。这个时期，中国与西方的博物馆发展水平拉开了相当大的一段距离。

进入 21 世纪，中国经济的腾飞使许多地区均投入大量资金兴建大型综合博物馆以提升地方形象，一座座大规模的博物馆在中国如雨后春笋般冒出，博物馆的建设资金似乎已经不是最关键的问题，然而历史发展的断层所遗留的问题让中国的博物馆无法在短时间内跟上世界先进博物馆的步伐；同时，随之而来的盲目追求外观的宏伟视觉与使用者实际需要之间的矛盾，将成为当代中国博物馆发展中的新一轮问题。

3）资源因素：博物馆低密度建设与城市高密度开发的矛盾

传统的博物馆以艺术殿堂自居，普遍通过大体量、封闭的建筑形体以及大面积的专属用地刻意营造自身与公众之间距离感（图3-9）。尽管在当代的语境之下，博物馆纷纷放下门槛，通过各种形式、空间和服务向公众表达真诚而热烈的开放意愿，但在传统遗留的建设模式之下，我们今天看见的大多数的博物馆都是在低密度、低容积率建设下的独立建筑物，并占据独立而专属的用地（图3-10）。这种建设模式在传统的低密度城市或者在全球的城市化进程开始飞速蔓延之前也许是可行的；但由于资源——尤其城市中心土地资源的短缺，这种传统的博物馆建设模式受到了挑战。

图 3-9　美国国家美术馆

来源：daotoo.com

（a）　　　　　　　　　　　　　　　（b）

图 3-10　传统低密度、低容积率的博物馆建设模式

来源：（a）林肯纪念堂，来自：bjkp.gov.cn；（b）陕西历史博物馆，来自：邹瑚莹，王路，祁斌.博物馆建筑设
计 [M].北京：中国建筑工业出版社，2002

如今在一些拥有高密度甚至超高密度的城市中——尤其是包括中国在内的亚洲城市，以商业为主导的土地开发几乎占据了城市中心绝大部分的有利地块——那些邻近大量住宅区、发展成熟、设施配套完善、交通接驳便利的地段。这种以符合市场利益为前提的土地开发，政府在其中的调控作用十分有限，往往只能在城市中心附近一些较为次要的位置预留出有限的地块以用作区域配套的文化设施建设用地，但这远远不能满足社会和公众对博物馆的需求量。

当然也有出于拉动新城启动或者助推旧城改造复兴的目的，在相关的项目中增加博物馆等文化设施的立项，并通过规划将其集中设置，比如广州珠江新城的花城广场、白云新城绿轴中的文化区、东莞莞城的市民广场，都属于这种开发模式。然而，每个城市像这样的级别、规模、各方投入量的公共文化区域建设的数量也是屈指可数，根本无法作为社会文化事业的有效补充。

城市中心的土地资源缺乏这个本质问题最终导致了大量博物馆的市郊化；尤其是民营博物馆，由于缺少政策的扶助，在一轮又一轮的城市更新中只能不断地往近郊甚至远郊搬迁。2009 年北京的博物馆有 41.9% 位于市区，37.2% 位于近郊，20.8% 位于远郊，按照这个分布比例，即使是受教育程度较高的专业人士也未必能经常到访，博物馆的全民普及更是无从谈起。所以，在以市场利益为先的城市开发现状中，固执地坚持低密度的规划和建设模式已经成为当代博物馆的一个极大的障碍。

4）行业因素：发展的断层让中国博物馆难以在短期内适应新的理念和模式

（1）发展观念及实施方面。进入 21 世纪以来，随着文化及创意产业的兴起，文化对于城市发展的综合推动受到肯定，城市文化规划的制定和实施涉及多方面因素考虑的观念和机制正在形成。中国博物馆以往的工作与其他部门和领域的联系并不密切；但博物馆作为文化产业链的上游环节，其建设和发展受到城市发展的诸多方面和领域的影响，因此在制定城市中的博物馆的发展战略计划之前，应该有一个目光长远的城市文化规划作为依据和后盾，并且要考虑受众人群以及与博物馆发生直接或间接关联的其他领域。尽管一个对博物馆全方位支持的环境正在形成，然而在实际操作过程中，当代博物馆的发展视角仍然专注于在博物馆的专业工作范畴；而对于如何通过提高服务性能，增强对普罗大众以及多渠道发展资金的吸引力，以达到自身乃至整个行业的健康持续发展，观念和体制上的局限造成了博物馆的定位和实施中的诸多局限。

（2）管理体系方面。中国博物馆的行业管理体系仍然有待完善，博物馆虽然大致可以归国务院文物行政部辖下管理，但隶属关系混乱，没有专门、统一的部门站在整体艺术发展的高度对全国各级博物馆的运营资金实施合理统筹的拨款或者减免税收等政策，也没有像许多西方发达城市那样，设有专门的博物馆管理机构，以妥善协调各种社会资源，对各种类型的博物馆进行专业管理。总的来说，中国博物馆行业的管理现状就是：行政管理有待整合，行业法规有待建立，扶持政策有待加强，资源分配有待平衡。

（3）经费来源方面。目前世界博物馆普遍的经费收入主要来源于以下方面：国家资助、基金资助、私人赞助、企业赞助、门票收入、会员收入、副业经营收入、投资收入。中国的国有博物馆在以上几种渠道中，国家资助占据了绝大部分的比例；其余的基金资助、私人赞助、企业赞助、门票收入、会员收入、副业经营收入由于意识培养、政策环境、投入力度、操作经验、服务品质等方面未能跟上，对博物馆的运营辅助只能起到十分微薄的作用；而投资收入是北美博物馆收入的一个重要来源，但在中国可以说仍未起步。正是由于观念未能彻底转变，资金的获取方式一直是中国博物馆业界一个敏感的话题，因此，纵然国家拨款难以满足实际运营的需要，多渠道地获取资金仍然未能被作为大多数国有博物馆发展计划中的重要战略。

（4）观众研究方面。欧美的博物馆早在20世纪20年代便开始有意识有计划地进行观众研究。60年代以后，博物馆的观众研究逐渐扩展到展览、环境、空间的互动评价以及观众学习、参观的经验等层面；并通过调查观众参观过程中的心理特征，根据观众的态度和反映，改进陈列设计，调整参观路线。

中国的博物馆在观众研究的方面起步较晚。大部分博物馆只专注学术研究、收藏、展示和教育的领域，其组织运作也仍然以政府的意志为主要依据，对观众使用反馈的重要性未能体会，因而导致博物馆对展览策划、功能定位、空间模式以及各种设施的设置存在一定程度的盲目性。某些博物馆也会进行观众调查，但往往仅止于对参观人数的重视，而对观众的参观流线，以及对空间和设施的使用情况则并不关心。当代的博物馆早已不再是精英专属的殿堂级文化设施，因此建立一个完善的观众研究体系对于提高公众对博物馆的满意度和认知度尤为重要；而中国在利用调查和评价体系来强化博物馆职能的方面还有待进一步发展。

5）技术因素：理论、设计、施工等水平有待提高

技术因素是一个宽广的范畴：博物馆的理论学说、建筑领域的前期策划、规划选址、建筑设计、策展主题、展示设计、施工水平等都可以囊括其中。

理论方面，中国的博物馆研究刚刚起步，其理论和方法基本上参照欧美体系，但现实中的东西方在文化、体制、经济、地域等方面的差异，使博物馆学理论在实践中的应用情况也各不相同，有些在西方已经发展成熟的模式，在中国就不具备发展条件。即使有的条件已经具备，但决策部门缺乏足够的重视，相关政策没有下达，又或者管理部门缺乏实践经验，结果是中国博物馆学中的理论在博物馆实际的运营过程中很多都成为空谈，根本得不到真正的落实。

设计方面，规划选址、策划定位、建筑设计、展示设计等各阶段之间缺乏足够的沟通，另外整体设计观念的落后使很多设计师只顾及自己负责的领域。比如建筑设计一味地追求建筑的玄乎概念、新奇造型，对策划方案以及任务书是否合理不予理会，而建筑与展示之间也缺乏整体的理念牵引，结果是建筑与展示互相脱离，或者最后只能导致一方被迫修改而迁就另一方的结果。

施工方面，尽管各行业的技术水平，包括制造、建筑施工、材料、新能源等创新技术领域，也正在努力摆脱原本落后的面貌，但起步晚，建设量巨大，让包括博物馆在内的很多大型公共建筑的施工质量往往差强人意。

3.2 复合化趋势为当代中国博物馆的发展带来机遇

尽管存在的不足让当代中国的博物馆未能完全与国际接轨，但这一切却无法阻挡博物馆复合化的客观趋势对于中国博物馆的影响。尤其是随着中国社会综合实力的提升，新世纪建成的一大批博物馆，无论是软件还是硬件方面，均大大缩短了其与世界先进博物馆之间差距。中国博物馆的复合化趋势已初露端倪，并且为当代中国博物馆的优化发展带来挑战的同时也带来机遇。

3.2.1 复合化趋势对中国博物馆发展的引导

在复合化趋势的推动之下，其对中国博物馆在当代及未来发展趋向的影响及引导作用也逐渐明晰：

（1）博物馆的建设及运营要真正从公众与社会出发，深入研究他们的心理、行为和需求。观众是博物馆存在的终极价值所在，为公众和社会服务是新世纪博物馆的使命，也是复合化趋势对中国博物馆提出的首要要求。

（2）博物馆要立足宏观的城市文化规划体系的发展，只有在一种整体而发展的观念的引导下，博物馆对社会的公益性发挥才能更有效率。

（3）博物馆要对自身运营的发展方向进行规划和拓宽，不能仅仅依赖于政府的资助，因为多层次的资金来源及组成有利于博物馆发展的稳定和持续，这实际上也是解决当代世界博物馆发展矛盾的方法之一。

（4）博物馆的管理部门要逐步完善相关的行政管理体系以及明确其中的相关细节，包括政策立法、成立认证、监督管理系统、政府统一非营利性机构的支持和补助等领域；目前这方面的工作严重滞后于中国博物馆的发展需求。

在以上的基础上，复合化趋势还要求博物馆加强对高新技术的运用，并且更新相关的设计策略、方法和标准，以配合中国博物馆在当代以及未来的运营变革，实现博物馆的建筑及其展示品质的整体提升，从而具备与世界博物馆发展同步的条件。

3.2.2　复合化趋势对中国博物馆以及社会发展的带动

1）有助于博物馆融入城市，提升城市公共空间的环境品质

近几十年来，日益加快的城市化进程使中国城市的公共空间状况暴露出不少问题：公共空间面积小，超负荷使用，缺乏节点、有效的管理秩序和鼓励开发的文化等等。一位美国的人类学者说："如果拥挤使北京的街道变得'秩序紊乱和令人恐惧地流动'，那么公园就是一个提供'相对安静和活动节奏缓慢'的避难所。"

事实上，博物馆能起到与公园相类似的作用。在相同的语法和逻辑下："如果高强度的开发和使用让城市公共空间的品质下降，那么博物馆就是一个提供相对高品质文化娱乐教育的活动场所。"作为城市公共空间的重要组成部分，博物馆应该充分运用其特殊的社会功能，并对公共空间的不足作出必要的补充。通过博物馆的设计来改善中国城市高密度环境中的公众生活、现状环境、空间的有效利用等是手段之一。

超高的城市人口密度是造成中国城市公共空间使用质量低下的根源，面对城市用地紧张的现状，一味地要求扩大公共空间的面积，这既不现实也起不到真正的作用。对城市公共生活品质的评价，有 4 个基本衡量标准：是否可达、高效、多功能和好秩序。可见，"大"而"少"，不可行；相反，"小"而"多"，才是提高品质的关键。博物馆的复合化趋势就是趋向一种"小"而且"多"的状态，博物馆因此而更能适应城市的高密度现状：即使是在充满商业气息的步行街，人们也能在小憩的时候进入复合于其中的博物馆，接受文化艺术的洗礼，哪怕只是在里面稍作休息，博物馆本身的美学气质也能为其所在公共空间的品质带来提升。

2）有助于博物馆融入社会，扩大自身社会职能的影响范围

博物馆复合化趋势的出现是扩大中国博物馆社会职能的影响范围的契机。

首先，"复合化"博物馆融入市中心、融入商业区、融入社区，以一种灵活多变的模式与公众的日常活动场所结合，让公众在日常生活中随意进入博物馆，感受文化熏陶，学习课外知识，享受博物馆提供的各种服务。

其次，经过统一规划和各方共同部署后的"复合化"博物馆可以在地理位置上、功能使用上以及资源共享上加强与院校的合作，利用声光、电子、装置等先进的技术创造感官式的学习环境以及寓教于乐的教育方式，有利于博物馆参观习惯的从小培养，填补课堂教育的不足；而博物馆商店中的纪念品、书籍等除了能满足人们与日俱增的文化消费需求以外，也是宣传文化艺术资讯的最好媒介，它们作为博物馆教育功能的延伸，对博物馆的文化教育传播起到了重要的助推作用。

再次，"复合化"博物馆深入社区，为公众带来良好的可达性，为社区活动提供空间场地和服务功能，为居民组织他们自己的展览，甚至可以为社区居民带来就业的机会等等。在复合化趋势之下,博物馆的社会职能逐渐渗透进城市的角落以及公众的生活中,以一种全新的引导方式提升整个社会的文化艺术素质和创造力。

3)有助于博物馆应对资源配置,实现自身的整体优化

有限的资源对于博物馆来说:一方面是建设用地的短缺,尤其是已经被高度商业开发的城市中心用地;另一方面是运营资金的短缺。当代中国博物馆发展的存在问题,其源头之一就是资源有限。

复合化趋势为中国博物馆带来的优化机遇首先表现在对博物馆类型比例均衡性的调节上。目前政府往往更为重视对大型的综合类、历史类博物馆的投入;相对而言,由于土地建设资源和经济资源的有限,政府对艺术类、专题类等规模相对较小的博物馆的关注和投入甚为不足,并因此导致了中国博物馆的各种分类不均衡的现象。事实上,关于艺术类博物馆的重要性,陈丹青先生认为甚至超过了艺术院校❶:"西方艺术之所以持续保存创造力和影响力,不是艺术院校和艺术教育,因为西方当代艺术教育充满问题,而是美术馆。"博物馆复合化趋势要求博物馆的存在形式、基本设施、运营模式等一系列的改变,为博物馆与私人以及相关产业的合作提供了可能,从而有利于调动更多社会资源的参与积极性。而由于非国家拨款的博物馆的资金运作更为灵活,学术更加敏感,展览主题与收藏更开放与多元,它们的加入有利于填补目前艺术类、科学类、专题类的中、小型博物馆数量的不足,提高博物馆类型比例的均衡性。

其次,博物馆复合化趋势之下的博物馆形式不再受限于独立而专属的建筑形态,它们可以与其他建筑共用同一块用地,也可以与其他功能共用同一座建筑,其灵活的存在形式还能实现对城市中的一些废弃景观、场所的有效利用。因此,博物馆的选址邻近或位于城市中心地带的可能性和可行性将大幅度提高,并且伴随着数量的增加,博物馆的可达性也能一并提高,真正能实现博物馆与公众生活的相融。

还有,随着博物馆得以进一步与更多相关产业进行各种合作,一方面使其具备更广泛的服务功能,另一方面也意味着经济来源的增多,在政府投入不足的情况下仍然能维持良好的运营效益。稳定的资金运转有利于博物馆专业工作的充分开展,同时进一步完善其服务品质,最终达到博物馆的整体优化。

4)有助于博物馆适应经济发展,助推社会的产业转型

处于产业链上游的博物馆虽然不直接产生经济效益,但其实验性、探索性却直接影响着文化产业,与区域经济的发展构成互动,甚至改变所在区域的商业形态。英国每年赴博物馆参观就约1亿人次,同样,古根海姆、卢浮宫等世界一流博物馆的成功,显示出博物馆对休闲产业和观光市场的重要影响;而且随着参观人口的增加而带动的周边行业的经济增长,更是有目共睹。

---

❶ 陈丹青在今日美术馆的今日讲坛中的发言。

今天的中国社会正在经历产业结构调整的过程，文化作为重要产业，已得到了政府的重视。然而在实际操作上，目前中国大部分的博物馆仍然以国家拨款为唯一经费来源，甚至以不进行营利行为为准则，这些都阻碍了博物馆对国家产业转型所应该发挥的作用。事实上，一个具有强大吸引力的博物馆，它所涉及的已不仅仅是收藏、研究、教育等领域，而是日益扩张成为区域经济、产业调整、城市规划、旧城复兴、政策制定等一系列社会运作所不可忽视的推动力量。随着资本大量从制造业、国际贸易、房地产等涌向休闲娱乐、旅游观光、文化艺术等领域，博物馆也因此而聚焦了不少房地产项目投资人的目光。而复合化趋势的出现，使博物馆能进一步加强与更多行业、更多领域、更多服务设施的合作，从而更好地引进投资和创造就业机会，培育地方荣誉和归属感，由此而产生的文化、社会经济甚至政治效益等更是一种无形的财富。

3.3 复合化趋势对全新博物馆设计策略的呼唤

中国博物馆的发展现状暴露了许多亟待解决和优化的问题，复合化趋势为中国博物馆带来了优化发展的挑战和机遇，也对中国博物馆提出了自我调整的要求。要真正适应并融入博物馆的复合化趋势，实现与世界先进博物馆的接轨，中国的博物馆需要更远的观念与视角，更多的诚意与热情，更大的投入与支持；而中国博物馆的设计也需要一种全新的设计策略。

3.3.1 设计层面以外的影响因素

博物馆是一个庞大而复杂的系统，研究其理论的博物馆学就是一门天然的交叉学科，艺术史、历史、社会学、人类学、心理学等文化研究理论都在其中交会、对话；而博物馆在实际中的运作则要涉及更多方面。按照不同的功能划分，博物馆的工作可以分为"三个大类一个核心"：学术建设、资金运作和组织管理，三者最终都指向一个核心——观众；其中包括：制定发展战略，扩大博物馆的收藏，举办外借作品展览，对各类受众的使用进行调查，人员聘用，与博物馆设计相关的各种事宜，以及对未来的设想等等。可见，一个博物馆从策划、立项、建设到向公众开放、运营，博物馆的设计只是其中一个组成环节。

观众作为公共服务机构的终极目标，是博物馆所有工作的终极价值，也是博物馆学术建设的内在评判标准。资金是关系博物馆生存与发展的根本问题之一，博物馆在收藏、研究、主动策展、人才引进、教育推广等方面都离不开资金的投入，而大量且持续的观众流是博物馆资金链条得以稳定发展的关键。不断提高的学术水平、学术地位、策展能力，以及更完善细致的服务等，都是博物馆吸引观众的必要条件，而这一切，离不开健全的运行机制和管理方式。

在以上博物馆工作的"三个大类一个核心"之中，还渗透着博物馆决策者的意志，它对博物馆各种政策的制定具有最为重要的话语权，在很大程度上决定了博物馆在每个阶段的选择，其制定的政策正确与否还可能影响博物馆的专业品质甚至成败。

3.3.2 设计层面介入的可行性和必要性

博物馆的设计尽管只是博物馆众多工作中的其中一项，但是它是影响博物馆品质好坏的决定性因素之一，博物馆设计的优劣更是观众评价博物馆魅力的一个重要评判标准。国际博物馆协会的 28 个国际委员会中，其中就设有建筑与博物馆技术委员会（Architecture & Museum Techniques），目的是为促进博物馆学与博物馆建筑设计研究之间的交流，该机构研究的范围包括从展览使用的基本材料到展示中所要表达的哲学思想，体现出博物馆设计对于博物馆各个领域的重要性。

博物馆的运营实际上可以看成是 4 个提问：如何以公众观展的动机、行为与感受为出发点？如何通过学术机制指挥学术架构的运转？如何吸引更多观众以实现资金链条的健康循环？如何以持久有效的运作模式行销文化美学？这 4 个提问表面上与博物馆的设计无关，但实际上却隐含了许多需要设计进行配合的地方。

事实上，博物馆复合化趋势所表现出来的各种特点，以及中国的博物馆在当代发展中出现的各种局限，它们都涉及博物馆设计的方方面面——从城市到建筑，从功能到形式，从空间到展示，从观念到实施等范畴。目前，发达国家的博物馆设计正在配合复合化的发展而进行，设计层面的介入对于中国博物馆要达到与国际同步发展这一目标来说十分必要（图 3-11）。

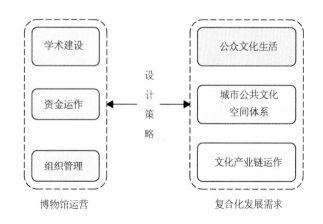

图 3-11　设计策略让博物馆运营更能适应复合化发展趋势的需求

在博物馆的复合化趋势下，如何提高博物馆与城市的结合度，确定合理的建设模式，增加博物馆的公共性以及面向城市的开放程度，整合新旧功能，重组各种流线，强化空间的体验性，配合新型展示方式进行建筑空间或展览场所的通用布置等等，都是需要博物馆设计介入、配合、处理、完善的问题。

3.3.3 设计层面的自我调整及应对

当代中国博物馆发展的局限性与中国的国情息息相关，同时也体现出设计水平与发达国家的落差。面对博物馆的复合化趋势，不仅仅是博物馆的运营，博物馆的一系列设计工作也需要作出自我调整以配合和应对趋势带来的各种变化。

1）基于观众的角度

从守备森严的库房到热情迎接公众的现代博物馆，观众在博物馆中的地位转变其实与人类社会民主精神的发展历程相暗合。如今，许多国家的博物馆开始关注公众参观博物馆的动机、行为与过程中的感受，设计层面，博物馆对公众的关怀辐射到不同维度的空间，是一个涵盖了宏观、中观、微观的范畴。日本建筑师高桥鹰志在他编写的《环境行为与空间设计》中把人的行为从 0m、10m、10^2m、10^2m 直到无穷大的范围中逐一展开论述。❶ 根据此理论，大到城市的尺度乃至无限的虚拟网络，小到身体皮肤所触碰到的地方，都属于博物馆的设计从公众的角度出发所应该体现的设计关注点。博物馆不仅仅需要知道哪些公众来看，为什么来看，喜欢看什么，它们还应该了解公众从哪来，有多远，是否方便，更深入一点，空间的尺度，方向的可辨性，扶手的高度，灯光的明暗，座椅的舒适度等等。

2）基于城市的角度

中国在以往的博物馆规划选址上，更多的是根据个案的特点进行布置，缺乏宏观而系统的考量，并往往由于城市中心用地短缺的原因而很少把博物馆与公众聚集的区域——尤其是商业区——结合考虑，因此造成博物馆可达性的降低。在复合化的趋势之下，博物馆的设计应该运用整体的思维模式，对博物馆在城市中的总体结构，结合城市的总体发展规划作出重新的统一部署，以城市的整体优化为前提，提出一种有利于两者共融发展的模式。

3）基于博物馆发展的角度

当代博物馆通过运营行为获取维持发展的经费已经成为客观的现实；在此基础上，如何推广博物馆的文化品牌？如何处理营销活动和学术活动的关系？如何吸引对新一轮展览的资金投入？最为关键的是，如何在日益泛滥的博物馆商业中坚持行销博物馆的文化品质，而不是行销博物馆的商品？可见，除了关注公众和城市的需要以外，还应该以博物馆自身发展的视角进行统筹思考，与此同时，设计如何配合博物馆的产业化使之在文化品质与经济效益之间达到最优化的平衡也十分重要。

---

❶ （日）高桥鹰志＋EBS 组编著．环境行为与空间设计 [M]．陶新中译．北京：中国建筑工业出版社，2006。

3.3.4　复合化趋势对全新博物馆设计策略的呼唤

随着社会的开放与进步，在复合化趋势的发展下，博物馆这种社会文明的标识性机构需要配合以新的设计策略，才能更好地在不断探索的过程中，坚持现代性视野、致力于打造国际化平台、规范化自身的运营机制，从而获得更好的发展空间和前景。

具有复合化特征的博物馆在欧美等发达国家已有了一定程度的发展，并且开始成为博物馆在未来发展的主流方向，开放、灵活、高效的运作模式大大增加了博物馆与城市尤其是与公众生活密集区的结合度，以及让博物馆获得了提升自身品质所需的经济资助，从而更为有效地完善及发展博物馆的专业工作。

中国博物馆的发展要与世界接轨，同样要融入复合化的发展趋势。在中国，博物馆的复合化特征也初露端倪，很多相关的尝试已经展开。像北京的今日美术馆，坚持在学术建设和管理机制上吸收国际化的标准和运作、推广、对外交流等相关理念，其所属的纪念品商店更致力于达到高学术、高质量地进一步推广艺术家和艺术理念的目的，开创了中国的民营博物馆与国际全方位接轨的先河。

2010 年国际博物馆协会第 22 届会员代表大会在中国上海举行，会议的主题是："博物馆——为社会和谐而存在"（Museums for Social Harmony）。这次会议的申办成功，对于中国文化界、文博界进一步与各国文化、文博界进行交流，使中国文博界成功介入国际文博事务具有重要意义。

可见，在以经济发展为主导的全球化大潮中，中国的博物馆已经逐步打破束缚，开始为融入博物馆复合化趋势而正在进行酝酿。在缺乏实践经验的起步之初，博物馆的发展急需先进的观念引导、系统的理论支撑和全新设计策略的配合。回到中国博物馆的发展现状，其存在问题之间互有关联，因此必须是立足整体的设计思想和完整的设计策略才能达到博物馆的最终优化。本书希望通过理论与实践的研究，找到解决当前存在问题的思维方法，提出一套适应复合化趋势的全新的博物馆设计策略。

第四章 当代博物馆的复合化设计策略概述

博物馆在中国经历起伏的百年，其旧有的观念和体制，落后的理论和实践水平，历史遗留及发展中的现实问题等，都不同程度地制约着自身的发展。在中国面临产业转型的今天，博物馆作为文化产业的价值引导者，急需一种高效、灵活、开放的新型模式来推动自身全方位的变革。博物馆复合化趋势的出现有利于博物馆打破原有观念及实际运作上的束缚，为变革带来机遇；与此同时，也对博物馆的设计提出了新的要求。

博物馆复合化设计策略是为适应当代博物馆发展的复合化趋势而提出的一套设计方法，涵盖了从城市到建筑，从策划到运营，从功能到空间等方面的设计内容和设计探讨。"复合"是贯穿其中的核心设计思想。

4.1　复合化设计策略概念的形成

4.1.1　基于现象的分析

笔者曾经到访欧洲、日本、澳大利亚以及中国本土的若干博物馆，过程中积累了一些关于当代博物馆及其设计发展的心得体会，并从在参观中看见或者感悟到的各种现象或规律中发现了一些暗含在博物馆发展中的几种关系——博物馆与城市的关系，博物馆的运营与相关领域的关系，博物馆的功能和空间与观众行为之间的关系；这些关系在不同国家不同地域的博物馆中都表现出一定程度的共通点——博物馆以多种形式与城市空间结合，博物馆功能对运营模式拓展的配合，博物馆空间与各种体验行为的融合。这使笔者认识到当代博物馆的设计对这些关联性的配合应对的重要性，从而产生对当代博物馆的发展现状及趋势进行研究的兴趣。

在把这种趋势定义为"复合化趋势"之后，以此为基础，笔者带着提出配合适应这种趋势的博物馆设计策略的目的，再次对若干国内外的博物馆进行实地、书本及网络信息的调研。从整体来看，国外大部分的博物馆在运营、选址、功能、空间等方面已经初步具备了复合化趋势的特征，并且博物馆的设计也正在配合复合化的发展而进行。相比之下，由于社会、历史、经济、文化、体制等发展条件和现状的不同，中国的博物馆对于"复合化"的呈现十分有限，博物馆的设计仍然以视觉形式作为切入点居多，尽管有的设计也开始关注到了博物馆社会职能的扩展以及博物馆在环境变化中的运作调整，并且开始把人的需要考虑到博物馆的设计中，但这些设计往往只是形成了一些零散的观点，并未有相关的展开理论及实践配合。

因此，课题研究的目的渐渐明晰——建立一套立足整体、基于发展的全新的博物馆设计理念，使博物馆的理论和实践发展得以适应复合化的趋势，进一步满足公众和社会对博物馆提出的新要求，同时使博物馆的形式与城市空间、博物馆的功能与社会化运营、博物馆空间与多层次体验行为的关系得到一定程度的整合和优化。

4.1.2 基于理论的启示

除了从客观的事实中提出问题、分析问题，并获得借鉴，一些相关的理论和言论也对博物馆复合化设计策略的概念引入带来了很多有价值的启发。尽管它们大部分并不是针对博物馆或者博物馆的设计，甚至其中有的观点仍处于争议之中，但是正是由于这些跨学科、跨领域的以及存在争论意义的研究方法以及思考角度，成了博物馆复合化设计策略的不同层面的灵感来源。

首先是国外博物馆学的几本著作，像彼得·韦尔戈编辑的《新博物馆学》❶、沙伦·麦克唐纳编辑的《博物馆研究指南》❷、珍妮特·马尔斯汀编辑的《新博物馆理论与实践》❸等，它们对博物馆的现状及发展作了全面的叙述，并从不同方面对博物馆的变革提出了有参考价值的观点，包括城市、社会功能、观众、展示、资金运营等。

张子康和罗怡著的《美术馆》❹就是从博物馆的经营和管理者的角度，结合中国第一家民办非企业美术馆——今日美术馆——的成长经验，对世界美术馆发展的脉络、趋势，美术馆的使命，国际化的运营模式及美术馆的操作规则等作出了全面的汇总和梳理。其中列举的实际例子和指出的当代中国博物馆发展的不足之处，激发了笔者以博物馆与各种关联因素之间的关系作为建构设计策略的重要依据。

缪朴编著的《亚太城市的公共空间——当前的问题与对策》❺提到土地混合使用的问题，提出了亚洲城市公共空间的一个基本特色就是存在模糊的"灰色"多功能地带，这区域类型往往具有多层次的空间结构，能很好地回应亚洲城市土地短缺的问题。这对于从设计上辅助解决当代中国的博物馆所面临的扩展运营的需要与城市中心可开发用地短缺的矛盾起到很大的启发作用。

建筑设计是对一系列不可预测的变化的应对和解决，大舍建筑设计事务所的陈屹峰在他的"组织"理念中说道："组织"意味着建筑师更多的是关心建筑的整体与局部，局部与局部，建筑与场所，建筑学与其他领域的关系。❻

---

❶ Peter Vergo. The New Museology [M]. Reaktion Books, 1997.
❷ Sharon Macdonald. A Companion to Museum Studies [M]. Wiley-Blackwel, 2006.
❸ Janet Marstine. New Museum Theory and Practice [M]. Wiley-Blackwel, 2006.
❹ 张子康，罗怡. 美术馆 [M]. 北京：中国青年出版社，2009。
❺ 缪朴编著. 亚太城市的公共空间——当前的问题与对策 [M]. 北京：中国建筑工业出版社，2007。
❻ 王家浩. 访谈：于情于理 (Fusion of Pertinent Emotion and Reason) [J]. a+u, 2009(02): 177.

刘珩在《艺术空间发展的"别样"性——与侯瀚如先生的访谈》❶中记录了她和策展人侯瀚如之间关于艺术空间的对话。对话涉及了展示空间的私人性和公共性，文化活动和商业利益的矛盾，博物馆空间设计和博物馆整体策划的关系，展览模式对艺术创作的影响等方面，指出在出现大量新的艺术表现形式和大众对文化艺术生活的需求不断增加的今天，传统博物馆的展示空间和策划经营方式面临着挑战。

策展人侯瀚如在访谈中说道："在中国不适合复制像西方一样的文化环境或大博物馆机构，而是应该结合现实创建一种更加灵活的带有前瞻性的艺术机构。这种机构可能是中小型的机构，同时在形式上的限制更少。这种限制可能不需要大的投资，或是提供一种白色的背景，或是更可能倾向于一种半生活化的方式，所以可能是一种即兴式的在社区中的小空间，或者可以是一种分散的和现实生活结合得非常紧密的空间。"

这些理论极大地拓展了笔者的思路，让笔者从多角度认识到复合化趋势之下当前博物馆的发展以及博物馆设计方法的不足，并为笔者在对博物馆复合化设计策略进行理论建构的过程中提供了许多灵感和依据。

4.1.3 基于实践的总结

除了现象分析和理论启示以外，笔者曾亲身参与了多个博物馆工程项目的设计工作，其中包括 2010 年上海世博会中国馆、侵华日军南京大屠杀遇难同胞纪念馆、宁波帮博物馆等等。在这些设计工作的过程中发现近年来中国博物馆发展的一些共性规律，同时也不断在总结适应及配合这些发展趋势的设计思维和方法，尽管当中的设计应对还只是处于摸索阶段，但仍然可以为复合化设计策略提供实践参考。以下是其中 3 个工程项目的设计理念概括，其中包含了对城市以及博物馆自身发展的切入和思考。

实践工程 1：推动城市后续运营——2010 年上海世博会中国馆

世博会结束后，世博园区是上海未来集国内外会展、物流、旅游、文化为一体的综合性国际商贸功能区，包括中国馆在内的"一轴四馆"将转变为集上海城市公共文化功能和会展功能于一体的大型公共综合建筑群。其中，国家馆继续作为展示和传播中华文化艺术的博物馆，而地区馆则转化成标准的商业会展展馆，这种博物馆与会展展馆复合的模式在中国是首例（图 4-1、图 4-2）。

为应对定位与功能——包括会议、休闲、商业、活动等服务功能——在世博会后的转换与提升，设计团队在设计过程中一直探索一种灵活相容、富于选择性的模式，一方面有利于适度引入商业、休闲、娱乐等功能，另一方面实现一种空间格局，使中国馆

---

❶ 刘珩．艺术空间发展的"别样"性——与侯瀚如先生的访谈．时代建筑，2006(06)：35。

成为一个高度开放的场所，在承担起基本的展示和传播功能的同时强化与周边城市社区生活的融合。

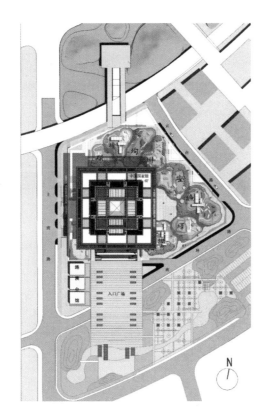

图 4-1　中国馆总平面

来源：中国馆方案文本

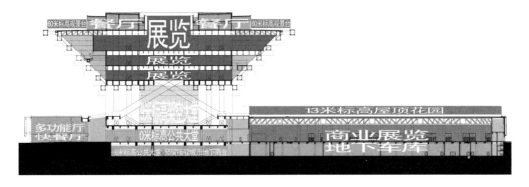

图 4-2　功能复合的立体城市空间

　　基于以上的设计思考，设计团队提出了"架空升起"和"立体城市空间"（图4-3）以整合基地总体关系。在总体形态上，国家馆和地区馆上下分区（图4-4），主从配合；

国家馆居中矗立，以架空升起的形态作为统领（图 4-5），地区馆水平伸展，结合一系列不同标高的开放场所共同形成"立体城市空间"。

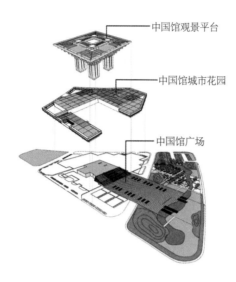

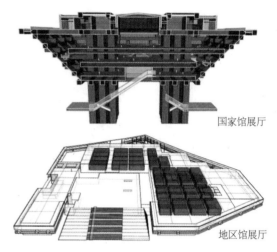

图 4-3　多层次的立体城市空间

来源：中国馆方案文本

图 4-4　中国馆总体功能分区剖透视图

来源：中国馆方案文本

图 4-5　国家馆居中矗立，地区馆水平伸展

来源：汤朝晖提供

在构成方式上，国家馆吸取了中国传统城市的营建法则、构成肌理以及中国传统建筑的屋架体系、斗栱造型的特点，以纵横穿插的现代立体构成手法生成一个逻辑清晰、结构严密、层层悬挑，以 2.7m 为模数的三维立体空间造型体系（图 4-6）。

在对中华文化的表达上，国家馆"华冠"之下撑起一片阴凉，是对天地交泰、万物咸亨等东方文化哲理思想的隐喻；而地区馆屋面的"新九州清晏"城市花园，以及"架空升起，广纳人群"的姿态则是对中国馆方正体量的柔化，是一种"刚"与"柔"的弦合（图 4-7）。

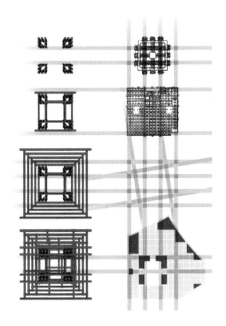

图 4-6　中国馆的生成分析

来源：中国馆方案文本

图 4-7　刚柔并济——国家馆与"新九州清晏"城市花园

来源：杨叔庸、汤朝晖提供

在世博会期间以及之后的日子，中国馆鲜明的文化品牌形象将形成上海新核心发展区域的地区意象，有助于提高区域的文化定位，有助于增加区的凝聚力和吸引力，成为新型城区发展的启动地标；同时，中国馆一系列公共活动平台将为游客和市民提供广阔而层次丰富的活动与休憩的场所，承担起这个上海未来综合性国际商贸区中的主要城市公共空间的角色（图4-8）；其开放包容的形态更有利于营造活跃的市民活动氛围，这些都将为世博园区的活力带来触发与提升的可能性（图4-9）。

图 4-8　中国馆为城市提供开放的公共平台

来源：杨叔庸提供

图 4-9　中国馆作为文化地标为区域后续发展助推

来源：宋江涛提供

实践工程 2：整合场地的空间序列——侵华日军南京大屠杀遇难同胞纪念馆

1985 年在南京大屠杀现场之一的江东门"万人坑"遗址上建设了侵华日军南京大屠杀遇难同胞纪念馆，为迎接中国人民抗日战争胜利 60 周年，纪念南京大屠杀同胞遇难 70 周年，拟对纪念馆进行扩建改造。

南京大屠杀事件是世界上有深远影响和特定政治意义的事件，通过对历史、场地和题目的解读，设计团队决定通过空间序列的组织，一方面营造空间的叙事情节，另一方面以此整合场地的各种特征，处理好与周边城市环境的关系，准确把握纪念馆的主题，协调与一期工程的空间关系，突出遗址、场所及意境的融合。

为与遗址和旧馆取得空间关系的协调，方案以遗址为中心组织完整的空间序列和参观路线。将新建纪念馆置于原有纪念馆的东侧，和平公园设在西侧，新、旧馆之间暗含轴线关系。纪念广场、新建纪念馆，形成了总体空间序列的"序曲"与"铺垫"，重组的旧馆遗址现场与冥想厅是所有章节之中的"高潮"；"和平公园"作为"尾声"完成了整个建筑空间序列的布局。这样，新、旧纪念馆以及室内外场地的过渡通过连续的空间序列实现了整合和统一（图 4-10）。

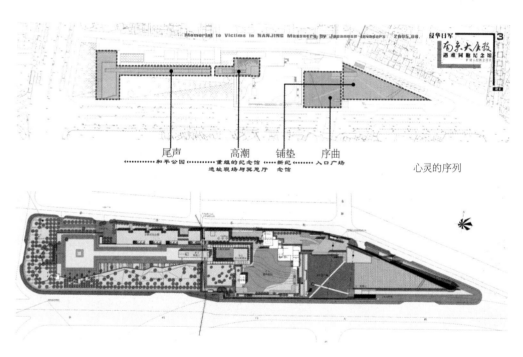

图 4-10　纪念馆的空间序列

来源：侵华日军遇难同胞纪念馆方案文本

为与城市空间取得尺度上的协调，方案采用了"体量消隐"的设计手法，新建于用地东部的纪念馆建筑与用地形状吻合，且大部分埋在地下，结合悼念广场呈现升起的缓坡，形成天然的观众座席，建筑融合于景观，从而与旧馆的体量取得协调。

为与大屠杀事件的悲怆取得空间意境上的协调，新馆以高墙、撕裂的建筑形体、建筑材料强烈的对比，粗粝的地面，以及缓缓流动的水体等书写"屠城"、"杀戮"、"祈望和平"的空间语汇，与旧馆以空旷的院落、砾石与枯树营造死亡意境的手法有机衔接，形成统一中有变化的整体空间意境（图4-11）。

图4-11　对空间意境营造的思考及实施表达

来源：分析图来自项目投标文本，左、中上照片由晏忠提供

实践工程3：兼具民俗会馆和商住功能——宁波帮博物馆

历史上的"宁波帮"，是指旧宁波府所属的鄞县、慈溪、奉化、镇海、定海、象山

6个县在外埠经营的商人，以血缘姻亲和地缘乡谊为纽带联结而成的商业群体。现代意义上的"宁波帮"泛指国内外从事各行各业的杰出宁波籍人士。

在设计定位上，为满足一些外地的宁波人团体回归故土举办相关活动的需要，宁波帮博物馆与民俗会馆相结合（图4-12）。会馆的功能设置与会所相类似，包括会议厅、贵宾厅、餐厅、俱乐部、康体中心、商住客房以及一个可容纳200人的会堂。设计团队让会馆作为独立对外的部分通过主要景观节点"三江汇流"与博物馆的主体部分相连，使会馆为博物馆的运营进行配套服务的同时，也成为博物馆整体格局的重要组成部分。

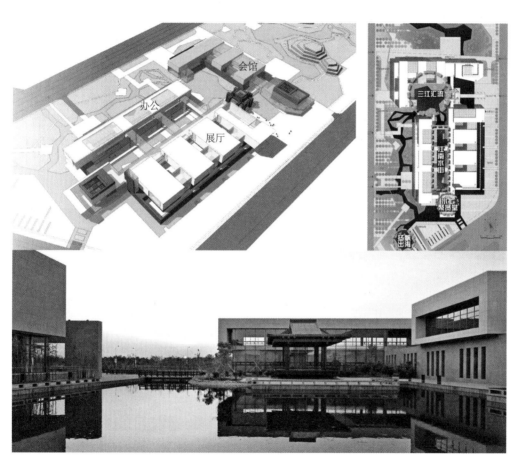

图4-12 宁波帮博物馆与民俗会馆相结合

来源：分析图来自项目投标文本，照片由黄翰星提供

如今，建成的宁波帮博物馆成为集中反映宁波和宁波帮的悠久历史和灿烂文化，展示宁波的城市人文和风貌的重要场所，既是全世界宁波人的精神家园，也是一个独具特色的文化教育观光地点（图4-13）。

图 4-13　建成后的宁波帮博物馆

来源：黄翰星提供

4.2　复合化设计策略的内涵

　　基于现象的分析、理论的启示以及在设计实践的探索和总结，结合对博物馆复合化趋势的表现形式进行分析，当代博物馆的复合化设计策略的理论框架建构逐渐成形：

　　博物馆复合化设计策略包含三大内涵——博物馆的复合化城市网络、复合化功能定位、复合化空间模式。三大内涵实际涉及三大主要内容——博物馆的形式与城市公共文化空间的多样结合、博物馆的功能对自身运营及文化产业链运作的统筹配合、博物馆的空间秩序基于多重体验的有机组合（图 4-14）。复合化设计策略涵盖了博物馆从城市到建筑，从策划到定位，从功能到空间等方面的设计内容和设计探讨，是一个系统而综合的设计过程，"复合"是贯穿其中的核心设计思想（图 4-15）。

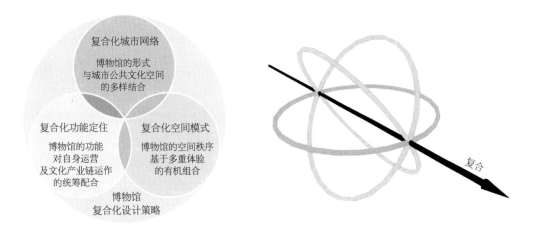

图 4-14　复合化设计策略的三大内涵　　　　图 4-15　三大内涵的核心设计思想

4.2.1　博物馆的复合化城市网络

为应对复合化趋势之下博物馆与城市关系的更新，博物馆的复合化设计策略通过宏观规划的角度，提出博物馆形式与城市空间的多样结合，以此为基础建立博物馆的"复合化城市网络"。博物馆的"复合化城市网络"是指不同存在形式的博物馆，结合城市多层次的公共文化区域，通过一定的规划原则和构成关系而形成的整体布局结构。王宏钧在《中国博物馆学基础》中也描述了一个与此类似的景象："大型的著名博物馆、城市密集的博物馆群体和星罗棋布的各式各样中小型博物馆、社区博物馆，日益形成一个覆盖全社会的纵横交错的网络，构成多姿多彩的现代博物馆景观，发挥着博物馆所特具的娱乐、教育等功能。"❶

博物馆是不以营利为目的的公益性机构，同时也是城市公共空间的重要组成部分，随着复合化趋势下的职能扩展，博物馆逐渐具备复合的社会角色。然而当代中国的博物馆却普遍表现出城市职能的缺失，其首先体现在博物馆与城市公共文化区域的结合程度以及对城市公共环境的优化效果上；而造成这个结果的其中一个重要的原因就是：博物馆发展缺少宏观体系的引导。

古代中国不存在城市公共空间的概念，但是城市公共空间的重要性在当今快速城市化的中国越来越彰显：人们利用街道进行交往、交通和商品等物质交换，也到城市广场、购物中心和公园活动、消费和锻炼；除此以外，城市公共空间还是象征区域文化或者政治理想的仪式性场所，成功的公共空间还将有助于加强地区的社会稳定性。然而，尽管公共空间的必要性已经摆在眼前，但中国的公共空间不但总量有限，其在中国城市

❶　王宏钧主编 . 中国博物馆学基础 [M]. 上海：上海古籍出版社，2001：123。

中的分布也不平均，总体呈现出一种"无秩序"的现状，即使是经过规划的北京，也没有一个完整的城市公共空间布局系统。它们往往不是夹杂在密度高的街区，而是位于空旷的郊外、政府机关大楼前、新开发的城市中心（图4-16），人们不能通过步行便利到达，结果经常导致三五成群的街坊邻里只能围坐在旧城区本来已经十分狭窄的街巷中下棋的情景（图4-17）。这些问题的存在有其历史文化遗留的原因，而城市人口多，人口密度和建筑密度高，以及在过去半个世纪的急于成为工业化国家的过程中，中国政府的政策向经济利益倾斜，常常以牺牲历史保护、环境质量和大众生活的品质为代价，这些也是造成中国城市的公共活动空间面积不足的关键因素。

图 4-16　缺乏人气的大型化广场　　　　图 4-17　家门前的街道成了居民活动空间
来源：flickr.com　　　　　　　　　　　来源：flickr.com

　　博物馆作为城市公共空间的重要组成部分，对此应该起到一定的化解和改善的作用；但事实上，中国的博物馆却存在着与城市公共空间相类似的问题：总量有限以及缺乏有规划的总体结构体系。这也是导致中国博物馆"失职"的主要原因。

　　目前很多西方国家的博物馆在服务和社区职能方面发展成熟，公众通过博物馆进行参观以外的活动并享受博物馆带来的服务配置已成为他们习惯的休闲生活。然而在这方面，中国的博物馆与西方的博物馆之间存在着较大的区别。

　　譬如，中国的博物馆少有能选址在人口密度高的城市公共活动中心、商业中心、社区中心，很大一部分都被建设在远离这些地区 5km 以上，超过了公众对于出行距离的可接受范围（见图3-2）。可达性问题尚未解决，博物馆进一步的服务职能和社区职能也无法得到施展；因此尽管近几年中国的博物馆数量不断激增，但总体结构体系的缺乏仍然对博物馆城市职能的发挥产生了极为消极的影响。

　　博物馆城市职能缺失的另一个体现是中国的博物馆规划很少与历史街区、文化生产与消费场所、文化教育机构等城市文化区域结合，未能基于整体性及策略性对城市文化资源进行有效利用。譬如：中国的博物馆规划很少与校园邻近布置，学生不能充分利用博物馆的资源以促进学习，表现出其教育职能的缺失；而出现在创意产业园中的小型博物馆多数是自发性质，缺乏立足宏观的管理及发展规划的引导。

事实上，博物馆对城市空间的创造和优化不能仅仅依靠规划条例对个体案例的调适，对此，复合化城市网络强调依靠城市文化规划体系，只有在基于长远的发展战略的引导下，城市中的博物馆发展才能持久而健康。同时，复合化城市网络的建立要基于博物馆所在区域的环境现状、文脉及其发展特征，要涉及博物馆的规模及投资定位，还要深入研究周边公众的生活行为习惯。复合化城市网络实际上是一种对于设计条件的分析、综合、利用的策略，其具体的设计措施将在本书的第 5 章展开阐述。

4.2.2　博物馆的复合化功能定位

为配合复合化发展之下博物馆运营所呈现的社会化和市场化的发展趋势，博物馆的复合化设计策略从建筑前期策划的角度，提出通过发展定位及功能设置，对当代博物馆的多层次运营模式及其向外拓展的趋势进行统筹计划和设计配合，这就是博物馆的"复合化功能定位"。

成立初期，博物馆对于很多中国的人们来说就是一个"挂画的地方"，"社会化"、"市场化"、"营销"、"运营"等词汇与博物馆毫无关联；随着当代博物馆的发展大潮，中国的博物馆数量在近几年不断激增，同时也越来越需要展开全新的运营机制。目前在中国大约有 89.3% 的博物馆属于国有事业单位，人事支出与基本的行政运营费用由国家负担，每年有一定的藏品经费，日常运作可以基本维持；但事实上，国家拨款并不能完全满足发展需求，由于经费不足，藏品的引进和更新常常是很多国有博物馆"不能完成的任务"。而在民营博物馆中，除了极少数的企业博物馆拥有稳定充足的经费来源以外，大多数民营博物馆均存在资金不足的问题。

因此，无论是国有博物馆还是民营博物馆，实现运营模式的社会化和市场化，适度引入营利行为或者对外寻求合作项目，是当代博物馆生存和发展的必然选择，而随之带来的消费性服务更有利于满足公众对博物馆需求的更新，这在欧美等发达国家的博物馆中已经成为约定俗成的运营规律。但由于观念上的封闭和片面，在中国，极个别的博物馆商店近两年才初现端倪，由此产生的收入也不足以作为支持博物馆发展的资金，而博物馆设计对于博物馆的营利性运营更是一直未有真正的关注。以纪念品商店的设置为例，无论是商店的面积、在博物馆中的布局、与博物馆观展流线的结合还是内部的装饰与布置，均远不成气候。

博物馆的消费性服务在中国还有很大的发展空间，而博物馆的设计对于这方面是配合推进尚待进行。这不只是在博物馆里腾出售卖纪念品的面积，而是要基于一个整体的功能定位策略，除了在商店的商品品质、管理上下功夫以外，相关的配套设施，公众的动线设计，空间形式的引导性，商店的购物氛围等都必须在设计策略中体现。

除此以外，这套整体的功能定位策略不仅仅着眼于博物馆运营本身，还要对现有的可利用资源以及区域乃至城市的发展规划进行综合考量，最终以高效的策略一方面配合推动博物馆的运营成效，另一方面也为区域乃至城市的文化、经济发展带来重要的提升力量。

复合化功能定位所倡导的正是这种综合的思维模式，它可以为上一阶段的宏观规划提供参考，也能作为下一阶段的博物馆建筑、景观、室内甚至展示设计的设计导则。复合化功能定位的具体设计措施将在本书的第 6 章展开阐述。

4.2.3　博物馆的复合化空间模式

为适应复合化趋势之下博物馆的功能以及观众体验的拓展，博物馆的复合化设计策略从建筑设计的角度，提出通过对具有复合特征的空间模式以及空间体系的建立，实现博物馆空间与多重体验行为的有机融合，同时优化调整博物馆内部空间与城市空间之间的衔接关系，这就是博物馆的"复合化空间模式"；它是复合化城市网络和复合化功能定位的实践和延伸。

在社会发展的大背景之下，新的经济环境、技术水平、艺术观念和社会价值取向影响着博物馆的观众行为、社会职能、学术建设、运营管理以及展示形式等方方面面，这一切是推动博物馆功能拓展的主要原因。随着博物馆复合化趋势的发展，除了博物馆传统的三大功能——收藏展示、学术研究、社会教育，当代西方国家的博物馆已发展成了集休闲娱乐、文化观光等功能于一体的文化复合体；而与此同时，在这个物质需求得到不断满足的时代，精神需求的上升使"体验"成为大众生活的关键行为。因此，当代的博物馆应该是一个常新体验的提供者。参观、学习、娱乐都不是公众唯一的需求，他们更希望通过感知和体验，在博物馆中得到精神和知识的提升。

以提供体验为重点作为不可逆转的发展潮流也渐渐成为中国博物馆运营中不可忽视的环节，然而对三大传统功能的固守让单一化的功能型空间在中国当代大多数博物馆中仍然占据主体地位，体验性、适应性、多义性的缺乏是中国博物馆的空间在运营过程中暴露出来的突出问题。

传统的博物馆功能区域大多有明确的划分，而如今各项功能布局，以及与其密不可分的流线，却开始由传统的单一、线形逐渐呈现出互相渗透以及交叉混合的倾向；与此同时，博物馆的运行和管理也正在探索新的模式。可见，面对当代博物馆的功能和体验拓展对空间发展的要求，博物馆的复合化设计策略并不是盲目地扩大规模或空间尺度，而是如何让博物馆空间的固有模式与新的发展因素通过一系列手段进行复合重组，在此过程中进一步强化体验型空间的混合、开放、通用、多义等特征，建立起适应当代博物馆发展的复合化空间模式，这才是解决问题的关键。

另一方面，复合化空间模式不仅涉及博物馆的内部空间，内外完美交融的空间体系的建立，才是复合化空间模式提出的最终目标。

目前，中国大多数的博物馆为了满足规划条款的要求而配套设置的公共空间，实际上往往是对城市公共空间的"被动式"提供，譬如：用地宽裕的博物馆一味注重入口广场的仪式感、序列感，而对公众的行为习惯、心理需求、城市空间的整体和谐等方面却缺乏深入的研究和考虑，大而不当，缺乏细致的环境设计和基本休憩地带的提供，公众在当中总有被驱逐的不适感觉，无法长期停留和活动；另一方面，位于寸金尺土的城市中心的博物馆建筑设计则在满足规划退缩要求之后，少有出于为城市提供更多的活动或者便民空间的想法而对博物馆的沿街功能、造型或者空间进行深入设计。

复合化空间模式对于博物馆内外空间的衔接关系，不仅仅是架起首层或者腾出广场用地；除了在增加各种形式的城市公共活动空间，让社会公众共享博物馆中的商业或服务设施，或者处理好城市流线与博物馆流线的关系等手段之外，为博物馆预留更多未知社会功能进驻的可能性同样重要。这不仅涉及空间的通用性、可变性和适应力的提高，更离不开博物馆服务职能的全方位配合。复合化空间模式的具体设计措施将在本书的第七章展开阐述。

4.3 复合化设计策略的实质

4.3.1 适应性的设计理念

博物馆复合化趋势是博物馆在不断适应世界的经济、文化、艺术等各个领域的发展潮流以及在不断克服自身矛盾的过程中的产物。复合化趋势对于博物馆在当代及未来健康持续发展的积极作用需要通过设计的手段呈现出来并进一步扩展。复合化设计策略一方面是应对复合化趋势的设计理念，另一方面也是强化其积极作用的设计措施。

博物馆复合化趋势涉及：博物馆与城市空间的关系，博物馆的功能与社会化运营的关系，博物馆的空间与多层次体验行为的关系。因此，复合化设计策略的设计出发点以此作为依据，着重体现出对城市空间和城市生活的关注，对社会资源利用的关注，对博物馆的运营管理及操作规则的关注，对博物馆功能扩大化之下的空间使用的关注，对世界及中国的文化艺术发展的关注等等。

在博物馆设计层面以外的领域，复合化设计策略还为中国博物馆的决策者、投资者、建设者、管理者、工作者提供一种全新的思路，期望从而激发中国博物馆全新的运作观念和模式，让中国博物馆的发展真正适应并融入博物馆的复合化趋势。

4.3.2 整体性的设计方法

博物馆处于一个各方面息息相关的整体之中，它受到城市的文脉、环境、生活、发展等各种因素影响的同时，也不断地改变着当地的文化、景观、习惯、空间格局，甚至经济发展。吴良镛先生建立的广义建筑学倡导立足于"人、建筑、环境"的高度来研究建筑设计。❶ 何镜堂先生提出的"两观三性"论就是一个整体的概念，他认为建筑创作要具有整体观和发展观，要体现地域性、文化性、时代性的统一，"各地不同的地域环境、文化和发展条件，是建筑设计的创意源泉，也是一种人文关怀的体现"❷。日本建筑师长谷川逸子在《作为第二自然的建筑》中写道："……建筑不应该被当作一种孤立的作品设计出来，而应该被当作某种更大的东西的一部分。"❸

因此，复合化设计策略把博物馆放置于城市甚至更为广阔而复杂的社会环境中进行整体的设计思考，它是一种整体的设计观，主要体现在以下两方面：

（1）复合化设计策略关注博物馆在城市中的分布格局，强调形成有机的博物馆城市网络对于文化传播的重要性；同时，复合化设计策略也关注博物馆的设计对城市空间的优化能力，包括对环境品质、公共氛围、各种便利服务等方面的优化。

（2）复合化设计策略把对博物馆的设计思考扩展到整个社会经济及资源利用环境上来，强调通过设计配合博物馆自身的运营发展以及推动博物馆与其他领域之间的多层次合作共赢。

4.3.3 综合性的设计思路

事物的发展受内外因素的推动，复合化趋势实质上是博物馆内部发展的需要与外界对博物馆所提要求共同作用的结果。文丘里认为："设计不仅从内向外，而且要从外向内。"加拿大建筑师阿瑟·埃里克森也说过："建筑设计不是建筑师的想象，而是它的目的和它的环境这两个条件的必然结果。它们像是两个相对的力量，一个通过设计要求这个压力由内而外推出它的形式，另一个则通过环境这个压力由外而内对它进行塑造。"伊东丰雄在仙台媒体中心的设计总结时提出："在开始某个建筑的设计时，需要把使用者的行为、所在场所的条件连同各种各样的功能一并考虑，创造出一种适应变化的使用与管理系统。"❹ 国内建筑学专业的教科书《建筑设计原理》也写道："在建筑设计过程中，

---

❶ 吴良镛. 广义建筑学 [M]. 北京: 清华大学出版社. 1989。
❷ 何镜堂先生提出的"两观三性"论中的"两观"——整体观、可持续发展观；"三性"——地域性、文化性、时代性。地域性是建筑赖以生存的根基，文化性决定建筑的内涵和品位，时代性体现建筑的精神和发展。三者相辅相成，不可分割。
❸ Itsuko Hasegawa. Architecture As Another Nature [M]. Columbia University, 1991.
❹ 伊东丰雄建筑设计事务所 编著. 建筑的非线性设计——从仙台到欧洲 [M]. 慕春暖 译. 北京: 中国建筑工业出版社, 2005。

必须综合考虑各种需要，统一解决各种矛盾。"❶ 这些都是复合化设计策略的综合性的理论支持。

博物馆在使用中呈现的不足之处往往表现为博物馆内部的建筑设计问题——如可达性低，功能单一，空间缺乏适应性等；但实际上这些现象往往是由于博物馆内部与外界发生的矛盾而引起的——如博物馆的低密度建设与城市高密度开发的矛盾，博物馆社会功能的扩大与经费缩紧的矛盾，博物馆作为独立的建筑体与对外合作模式日益多元化的矛盾，艺术表现的广泛化与单一的博物馆建筑空间的矛盾等。对此，复合化设计策略不只是针对建筑内部矛盾的本身，而是把外界的各种影响因素综合考虑，从人的需要、城市的需要、博物馆自身发展的需要进行切入。

例如在大英博物馆的改造工程中，面对空间不足和观众动线混乱的问题，建筑师并不是单纯地扩大面积和重组流线，而是从优化公共空间入手。改造让原本阴暗、横亘在参观动线上的图书馆变成了舒适的开放阅览空间，并将与图书馆相邻的书库改为餐厅、咖啡厅、纪念品商店等一系列公共服务区域，而通透精美的玻璃盖顶更是让沉闷的大厅成为一个焕然一新、备受观众喜爱的公共空间。正如这个典型例子一样，复合化设计策略主张通过对外在因素的整合达到内在问题的解决，是一种综合性的设计思路。

4.4 复合化设计策略的意义

4.4.1 第一层意义：复合化设计策略对博物馆发展本身的推动作用

1）有助于解决博物馆发展的矛盾以及催化复合化趋势的积极作用

在文化因素、经济因素、资源因素、行业因素和技术因素的影响下，当前中国的博物馆的发展普遍存在不足，各种问题之间彼此牵引和影响。复合化趋势对中国博物馆的发展具有积极的推进和引导的作用，为这些问题的解决带来了契机。复合化趋势的积极作用需要借助催化作用，而复合化设计策略就是促成契机一种催化剂。

复合化设计策略基于博物馆的复合化趋势，针对当代中国博物馆发展的存在问题，提出博物馆形式与城市空间的多样结合、博物馆功能对运营模式的统筹配合、博物馆的各种空间秩序的有机组合三大子策略，着重解决博物馆与城市空间的关系、博物馆的定位与社会化运营的关系、博物馆的空间与多层次体验行为复合的关系。复合化设计策略具体的设计措施有利于以科技、艺术、专题等类型为主中小型规模的博物馆在高密度开发的城市中心与各种空间结合，从而提高博物馆的总量及分类的均衡性；有利于博物馆深入城市生活，提高博物馆的开放性；有利于提高博物馆对服务功能的多样化以及新型

❶ 邢双军 主编.建筑设计原理 [M].北京：机械工业出版社，2008。

展示方式的适应和应变；有利于让博物馆得以充分利用各种社会资源，适应城市经济及社会的总体发展步伐，并进一步扩大公共职能……这些都体现了复合化设计策略对中国博物馆发展问题的解决以及对复合化趋势的积极作用的催化。

除了对设计层面的作用之外，复合化设计策略还致力于激发博物馆的决策者、投资者和管理者的观念转变。因为只有在一种灵活、包容、开放的思维模式下，大部分中国的博物馆才能逐渐脱离"全盘依赖"或者"孤身作战"的两个极端；只有建立健全的行政管理系统和政策体制，博物馆的管理部门才能站在整体艺术发展的高度对各类型博物馆的运营和发展进行合理统筹。

2）有助于推动博物馆的集约化发展模式

面对城市中心用地普遍被高密度开发的现状，传统的低密度建设模式已经成为制约当代博物馆发的一个极大的因素。复合化趋势为博物馆的集约化提供了可能性，以此为基础，复合化设计策略提倡一种"小而专"以及"非独立"——规模小，专题性强，与其他用地或建筑混合使用——的博物馆发展模式，这种模式让博物馆更容易与各种类型的空间，如购物中心、社区中心、废弃建筑、历史建筑、文化街区、空置场地等进行复合，更能适应城市中心的高密度开发现状，是在有限资源下的集约化发展。

博物馆的集约化发展模式实际上在理论和实践中均已有所显影，比如类似东京六本木森博物馆作为商厦附属功能的若干已建成的博物馆；又或者像策展人侯瀚如先生所建议的"这种机构可能是中小型的机构，同时在形式上的限制更少……可能倾向于一种半生活化的方式，所以可能是一种即兴式的在社区中的小空间，或者可以是一种分散的和现实生活结合得非常紧密的空间"；还有可能是以对城市碎片空间的利用等等。

博物馆的集约化发展模式对于公众来说，有利于享受功能和空间的复合带来的便利以及多层次的活动选择，即使是在充满商业气息的步行街也能在小憩的时候进入复合于其中的博物馆，在那里接受文化艺术的洗礼或者哪怕只是在博物馆的路边咖啡馆稍作休息；对于博物馆发展来说，有利于自身与相关行业之间的资源共享和相互促进，从而扩大经费来源；对于土地开发来说，有利于提高容积率、节约用地；对于城市空间来说，有利于在一定程度上缓解城市中心可开发文化用地的缺乏与博物馆扩大运营发展的矛盾，而且博物馆本身的文化气质还能为所在的城市空间带来品质的提升。

3）有助于调动各种资源参与博物馆的建设事业

在中国，博物馆的建设大多数由政府主导，同时博物馆的行业管理体系、法律规范体系以及各种税收优惠政策的有待完善，这种一定程度上影响了各领域对于博物馆建设投入的积极性，并对民营博物馆的建立和发展造成一定的制约。

复合化设计策略倡导更为灵活、开放的博物馆运营模式，并为之作出各种层面的设计配合，这有利于各种资源的有效利用，以吸引更多的个人和企业投入到博物馆的建设中；这对中国博物馆数量的增加，品质的提高以及博物馆类型的均衡有着重要意义，甚至对中国博物馆行业体系的健全也能起到一定的促进作用，为其在战略制定、职能定位、学术建设、运营管理等各个环节中灌输全新的发展意识。

4）有助于在以经济利益为主导的发展环境下维护博物馆的文化本质

在当代博物馆的社会化运营模式之下，市场行为对博物馆发展的影响已经是不争的事实。以博物馆商店为例，从早期博物馆门厅某个角落的临时柜台，渐渐地占领博物馆中的独立区域，到今天多元化经营的博物馆专业机构的一部分，甚至扩张成为颇具规模是连锁零售行业；最初以出售博物馆展品的复制品为主，如今博物馆商店中摆放琳琅满目的创意工艺品，甚至其中还为某个商业品牌设立了专柜……在普遍以经济利益为主导的环境下，博物馆需要稳定的资金来源以及适度的营销手段，然而何为"适度"？

如今在西方博物馆流行的场地出租——用于时尚演出、新产品推介、节庆婚庆等商业活动——往往因为对博物馆的正常展出造成时间上、空间上的影响而备受争议，这是一种"营销过度"的表现。事实上，博物馆的营销工作——无论是发行复制品、创意品还是画册、书籍，无论是引入商业还是外拓合作——都必须以博物馆的使命为宗旨，就是：坚持为公众和社会服务的角色并以此为中心进行学术建设。

以博物馆的社会化运营为前提，复合化设计策略一方面为博物馆的全方位开放以及对外合作提供设计层面的配合；另一方面，复合化设计策略通过设计为博物馆的文化品质与经济效益之间的天平进行调节，比如：如何合理制定商业经营的面积，既有利于扩充发展又与博物馆的整体氛围相协调；如何在博物馆中选择商业经营的位置，既不会喧宾夺主又能保证可达性；如何进行空间布局和流线设置，可以让出租场地的筹备工作迅速而高效地完成，从而避免妨碍博物馆的正常运行；如何让博物馆商店的布置与博物馆的格调同中求异……这些都是复合化设计策略对于博物馆消费性空间的设计思考。总之，在博物馆的文化品质与经济效益之间达到双赢，是当代的博物馆正在探索的课题，而复合化设计策略作为设计层面上的维护手段，将有助于这种局面的诞生。

4.4.2　第二层意义：复合化设计策略对社会发展的综合优化作用

复合化设计策略强调通过设计层面的介入促进博物馆的运营和发展，这同时形成了一股间接的推动力，在综合考虑城市的自然环境、人文因素、公众生活和发展特征的基础上，提高城市的文化普及度、文化生活质量、文化消费质量和公共环境质量，并有助于城市的产业结构调整以及集约化建设模式的进行，增强城市在当代围绕着文化而展开的全球性竞争中的竞争力（图4-18）。

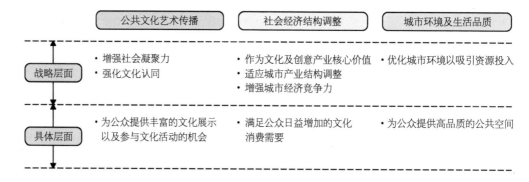

图 4-18　复合化设计策略对于社会发展的综合优化作用

第五章 博物馆的复合化城市网络

博物馆在过去对城市是一种俯视的角度，高大的体量、封闭的空间以及冰冷的气氛都表达着一种与外部环境决然分隔的姿态；随着时代的发展，博物馆渐渐地拿掉门槛，开始以各种方式主动与城市结合以吸引更多的公众进入其中。可以说，欧洲的城市构成是由接二连三的广场空间组织串联起来的，广场是欧洲城市的一条线索，而沿着线索就能找到大大小小的博物馆。广场为博物馆聚集了人气，博物馆为广场增添了魅力，这是欧洲博物馆与城市空间共同达到双赢的真实写照。

在今天，复合化趋势更是推动了博物馆与城市关系的发展，尤其是与城市的公共文化资源的策略性结合，使之承担起越来越多的城市职能，这些都是复合化城市网络的建构基础。

5.1 复合化城市网络的建构基础

5.1.1 博物馆作为城市公共空间体系的组成部分

博物馆是面向社会开放的公共性机构，因此它作为城市公共空间体系的组成部分也许已经为大多数人所认可，但对于博物馆所属的"城市公共空间"，其定义和范围划分有必要先作出界定。

"城市公共空间实际存在着狭义与广义之分。"❶ 狭义的城市公共空间包含城市街道、广场、绿地以及体育场地4个主要元素。随着城市空间的高密度发展，越来越多城市活动由室外转入室内，建筑空间成为狭义城市公共空间的延续。在某些学术研究中把城市的商业街、大型商业中心等一切向公众开放的室内或者室外空间都涵盖在"城市公共空间"的概念以内，例如木下光在其写的《作为城市基础设施的香港街头市场》里便是把街头市场看成是具有香港地域特色和文化风俗的公共空间。❷ 因此，广义的城市公共空间概念比较宽泛，包括自然景观、交通空间、街道、广场、绿地、地上及地下、室内及室外等一切向公众开放的城市空间。

博物馆是广义城市公共空间的重要组成部分，同时城市公共空间体系的营造也为博物馆城市网络的建构提供了良好的框架（图5-1）。

❶ 同济大学，李德华主编. 城市规划原理 [M]. 北京：中国建筑工业出版社，2001：491。
❷ 木下光(Hikaru Kinoshita). 作为城市基础设施的香港街头市场. 亚太城市的公共空间——当前的问题与对策 [M]. 北京：中国建筑工业出版社，2007：73-89。

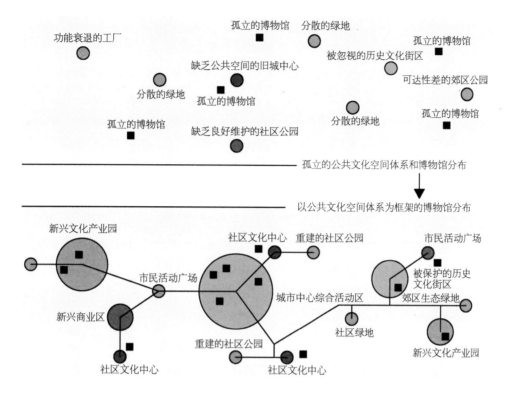

图 5-1　城市公共空间体系作为博物馆分布的空间框架

一方面，两者结合的方式和领域在不断更新和扩大：从最初的仅仅是两者外部空间环境的接壤，发展到现在涉及内部功能结构和空间格局的复合。越来越多的可能性正在发生——博物馆原来作为独立的建筑物而存在于城市的独立地块，但形式的多样化使当代的博物馆可以复合于城市中各种各样的场所和建筑中，这些改变影响了博物馆的运营模式的同时，也对城市公共空间的发展产生影响。

另一方面，博物馆对城市公共空间具有优化作用。西方的城市改造中就经常有通过大型公共建筑去改善和提升公共空间品质的例子。巴黎在城市复兴计划中重建的雷阿尔商业中心，里面提供了各类零售业、餐厅、电影院、展厅和图书馆等各类文化休闲活动以及消费服务设施，提升了该区的综合配套水平；悉尼多个地方的高架桥底下都被规划成集购物、餐饮、娱乐、消遣于一身的充满活力的市民绿化广场，而东京银座也利用高架桥底下的空间作为便利店、小规模商店。它们成功地对影响城市整体环境的消极空间进行了整治和高效利用。类似这样的经验应该为博物馆所借鉴，在博物馆自身优化的同时，也对城市公共空间的数量和质量作出有效的补充和改善。

5.1.2　博物馆作为城市文化规划体系的重要元素

基于文化的全球城市竞争以及营造自身良好文化环境的需求推动了各国各地区针

对文化资源和文化需求的规划方法的探索和建立。对于"文化规划"的研究开始于 20世纪 70 年代的欧美国家,"文化规划"被广泛认可的定义来自英国德蒙特福德(De Montfort)大学国际文化规划和文化政策研究室:文化规划是城市和社区发展中对文化资源战略性以及整体性的运用。❶

在经济及文化的全球化浪潮之下,当代中国一方面需要参与全球城市竞争,一方面需要凸显千年古国的文化底蕴,创造美好的城市文化环境,满足人们日益增长的文化需求,因此,建立立足整体视角的文化规划体系刻不容缓。清华大学的黄鹤博士针对中国城市的情况,提出了中国本土化的文化规划定义:文化规划一方面是作为针对文化资源和文化需求的规划方法,是在城市和地区发展中对文化资源整体性及策略性的运用,用以提升城市和地区的竞争力,以及城市和地区的适宜性,它是城市规划中的重要组成部分;另一方面,文化规划作为一种规划思想和理念,是城市规划设计的艺术,代表了以文化的观念来解决城市问题的发展理念。❷

博物馆与文化本身就是两个具有高度关联性的概念。博物馆是文化美学传播的载体,是文化创意孕育的温床;在当代还成为文化产业的价值引导者,以及文化消费服务的提供者。而文化给予博物馆物质和精神的辅助,是博物馆生存和发展的强大后盾。在此基础上,一方面,作为立足城市文化资源的整体运作的规划思想和理念,城市文化规划体系为博物馆提供定位和发展的依据和引导,有助于更为有效和充分地发挥博物馆的城市职能;另一方面,博物馆作为城市文化规划体系中的重要组成元素,两者结合所产生的"1+1>2"的成效,将成为城市及地区文化发展水平的关键推动力。

5.1.3 博物馆作为城市文化艺术教育的辅助机构

"博物馆是以全民为对象,以终身教育为范畴,兼具多种功能的公共艺术文化教育机构。"❸ 博物馆教育的重点不在于教导而在于引导。观众从博物馆中得到的不是技能,也不仅仅是知识、文化、艺术、信息与经验,更重要的是人文精神和价值观念;而且博物馆并不给予观众解决问题的答案,而是激发他们的好奇心和想象力,让他们在离开博物馆后能继续主动地关注和学习相关的文化艺术知识并从中找到适合自己的学习方法,这就是博物馆通识教育的目的。

博物馆的通识教育方式在世界文化艺术教育中占据着越来越重要的地位。在很多欧美国家,博物馆和学校教育之间的合作,自 20 世纪初便开始被博物馆业和教育界所重视,两者的互动和互补日益加强。学校致力于计划性、持续性、系统性、技术性、标准性的教育工作,是博物馆教育不能完全取代的;而博物馆强调培养观众的自发性学习

❶ DMU. Course Prospectus for MA in European Cultural Planning [M]. De Montfort University, 1995.
❷ 黄鹤. 文化规划——基于文化资源的城市整体发展策略 [M]. 北京:中国建筑工业出版社,2010: 7。
❸ 张子康,罗怡. 美术馆 [M]. 北京:中国青年出版社,2009: 110。

意识的教育出发点正好作为学校教育的辅助和升华。在美国，博物馆与学校合作已经是非常普遍的现象，1906年美国博物馆协会成立宣言中就已经明确表示"博物馆应成为民众的大学"❶。发展至今，当代美国的博物馆通过多种形式和途径进行教育活动，比如：展览、说明书、导览、影片、幻灯、网络，论坛、讲座、方案征集、专题研究、学术选拔、博物馆档案、展品资料、学术书籍，工作坊、实习课程、学术组织，艺术节或科技节的举办，延伸产品的开发，博物馆刊物的出版等等；纽约大都会博物馆和古根海姆美术馆都专门为不同年龄段的学生提供与之相应的教育课程，学校中的部分课程甚至可以直接在博物馆中进行。中国台湾学者刘婉珍在北美博物馆与学校合作调查的基础上，总结了博物馆与学习合作的六大模式（表5-1）。随着博物馆传授教育的方式以及公众接受的需求的不断发展，博物馆作为城市文化艺术教育的辅助机构，必然会引起博物馆与城市的关系以及博物馆内部功能与空间的变化。

博物馆与学校合作的六大模式 表5-1

模式	特点
模式一 提供者与接受者模式	以博物馆为主导，博物馆单方面规划设计活动，中小学师生可选用博物馆所提供的活动，学校教师没有参与活动规划过程，扮演"消费者"的角色
模式二 博物馆主导的互动模式	博物馆主动邀请学校教师共同参与活动规划，博物馆透过系列研讨训练，培养种子教师，帮助参与的学校教师成为活动规划的主导者之一，与馆方人员是真正合作伙伴
模式三 学校主导的互动模式	学校教师主动向博物馆提出学期活动构想，博物馆则与教师沟通配合，以达成共同设定之教学目标
模式四 小区博物馆学校	在小区中成立以各类小区博物馆为主要运用资源的学校，让学生在博物馆各陈列室中进行学习，从实务与经验中发展批判及解决问题的能力，学校老师在此模式中扮演主导角色，让学生充分利用博物馆资源以促进学习
模式五 博物馆附属学校	整个博物馆即是学校，博物馆附设学校与当地中学采用同样的学制，但授课方式不同，主要是透过艺术来教授各类课程
模式六 中介者互动模式	此模式则是由美术馆与学校之外的第三机构扮演主导角色，美国北德州艺术教育中心的美术馆之学校合作推展中心及史密森尼研究院（Smithsonian Institution）的中小学部门及盖蒂艺术教育中心所推动的馆校合作模式皆属此类

来源：转引自：张子康，罗怡 . 美术馆 [M]. 北京：中国青年出版社，2009：122。

5.1.4 博物馆作为城市社区生活的综合服务配套

博物馆与社区的关系受到关注开始于20世纪70年代初的"新博物馆学"运动。英国博物馆学者肯尼斯·赫德森在《八十年代的博物馆》中写道："1974年在哥本哈根举

---

❶ 张子康，罗怡 [M]. 美术馆 . 北京：中国青年出版社，2009：110。

行的国际博物馆理事会第十届大会清楚地表明，全世界博物馆越来越不把自己看成是同外界没有联系的专业单位，而越来越认为它们是自己所在社区的文化中心。"❶ 博物馆学家哈里森在 1993 年发表的《90 年代博物馆观念》中指出："新博物馆学是把关怀社群、社区的需求作为博物馆的最高指导原则。"❷ 这种思想渐渐成为一股世界潮流，国际博协也多次把它作为会议的主题。发展至今天，博物馆成为社区生活的综合服务配套，它们为社区提供丰富的通识教育及文化活动，为社区带来公益性和消费性的服务设施，甚至还有助于增加社区的就业机会，提高社区居民的经济收入。

1）博物馆为社区提供公益设施

就以公共洗手间为例，在欧洲，公共洗手间在普遍的公共场所哪怕是大型购物中心里都是收费的，却在所有收票或者免票的博物馆里实施免费；另外，欧洲不少博物馆首层大堂免票自由进入，还布置了休息的座椅和空间，俨然是开放的城市客厅。

2）博物馆为社区提供消费设施

如今公众到博物馆不仅是为了参观、学习，他们还在博物馆消费、休闲、聚会、放松身心。因此，当代的博物馆一般配置餐厅、咖啡厅、纪念品商店等消费性设施；一部分博物馆会配置电影厅，如墨尔本博物馆和北京的中国电影博物馆；某些世界著名的博物馆——如纽约当代美术馆——还把自己的纪念品连锁商店开在机场、酒店、商业中心等博物馆空间以外的公共场所。

3）博物馆为社区活动提供场地

为各种社会活动和商业活动提供免费或收费场地已经成为很多博物馆的服务项目之一。墨尔本的维多利亚国立美术馆利用前广场在节假日组织亲子同乐的游戏活动，广州红砖厂创意园的大石博物馆在设计的时候就兼顾了对新品发布会的考虑，欧美很多博物馆的大堂更成了举行时尚秀、派对甚至婚礼的场所……在今天，博物馆通过提供场地获得了可观的宣传效益和经济效益。

4）博物馆为社区文化交流提供平台

博物馆为社区居民的社区文化交流——尤其是学习传统技艺和展示民俗作品——搭建了一个很好的平台，这对于保护非物质地方文化遗产十分有利。除了各种专业的展览活动以外，社区博物馆里展示的很多都是附近的居民亲手制作的或者捐赠的展品；在此基础上还设置了社区之间的互动环节，比如：交换展览、聘请制作者讲解或教授制作技巧、让参观者进行实地练习等等。不但如此，对于一些条件不具备的社区中心，博物馆会为其提供空间或者设施的辅助，像北京的东花市社区服务中心当时缺少合适的教室组织社区居民学习绢花制作，正是由于东花市社区博物馆伸出了援助之手，现在难题已

❶ 肯尼斯·赫德森. 八十年代的博物馆——世界趋势综览 [M]. 北京：紫禁城出版社，1986。
❷ 王宏钧主编. 中国博物馆学基础 [M]. 上海：上海古籍出版社，2001：13。

经解决，博物馆成为了居民的工作室，既能学到传统工艺，又能拉近社区居民的感情，加强社区凝聚力。

5.2 复合化城市网络的建构原则

传统的博物馆选址一般考虑交通便利，有利于扩建发展，与博物馆的文化属性相适应，有利于藏品的运输和保存，环境相对静谧宜人，❶但这些原则在今天已经不能完全满足复合化趋势对博物馆在城市中的发展要求。复合化城市网络的建构原则以中国城市的整体发展战略为基础，尤其是结合城市公共空间及文化规划体系的统一考虑，兼具对中国人的生活和行为习惯的顺应，并从西方博物馆的城市布局方式，以及不同类型建筑的选址规律等方面获得经验借鉴；同时，它们之间互为影响，互为牵引。

5.2.1 与城市公共文化资源的有机群聚

博物馆与城市公共文化资源的有机群聚，这其中有 2 个概念需要进一步阐释。

城市公共文化资源 ❷——城市中向公众开放，用以促进城市发展的可共享的物质和非物质资源（图 5-2），其主要分类及内涵详见表 5-2。

图 5-2 文化资源规划的不同领域

来源：Graeme Evans.Cultural Planning: An Urban Renaissance[M].London：Routledge；2001：8

城市公共文化资源的分类　　　　　　　　　　　　表5-2

城市公共文化资源分类	具体内涵
历史文化资源	包括地方习俗、节日庆典、文学、饮食文化、地方方言等
当代文化资源	包括当地手工业、文化及创意产业、艺术与媒体机构及其活动、文化活动、教育培训等
城市建成环境	包括历史文物及历史文化地区、文化设施、文化生产与消费场所、文化地区、公共空间、开放绿地、文化生态景区等

来源：黄鹤.文化规划——基于文化资源的城市整体发展策略.北京：中国建筑工业出版社，2010：6-7；根据书中相关内容整理。

---

❶ 蒋玲主编.博物馆建筑设计 [M].北京：中国建筑工业出版社，2009: 28。
❷ 黄鹤.文化规划——基于文化资源的城市整体发展策略 [M].北京：中国建筑工业出版社，2010: 6-7。

基于以上的定义及分类，主要与博物馆城市网络发生关联的是以城市建成环境——即城市的公共文化区域——为载体的各种公共的共享的历史与当代文化资源。

有机群聚的定义包含了 2 个层次：

层次一：博物馆在整个城市范围中应该呈现"总体均衡"的分布（图 5-3）。

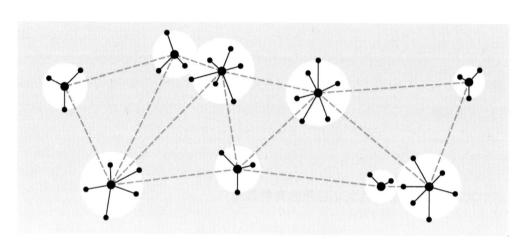

图 5-3　博物馆在城市中的"总体均衡"示意

层次二：博物馆应该在拥有城市公共文化资源的各级公共文化区域——如各级公共空间、活动中心、文化中心、城市文脉地段或者历史遗址所在地、商业中心等区域——呈现出适度聚集，并且相互之间步行可达。

"有机群聚"基于中国人的生活和行为习惯的尊重和顺应。在中国，大多数居民不愿意用市中心里生活条件极差的居住空间交换拥有山水环境、小区绿地和相对宽敞的郊区住宅；尽管局部地区的高强度使用为中国本来已经为数不多的城市公共空间带来更大的压力，但人们就是愿意往人口密集的地方去，因为这些地方往往拥有更多的商机，更高的可达性，更丰富的活动，能获得更有趣的经历。

博物馆与城市公共文化资源的有机群聚，一方面得益于这类型区域所具备的便利的公共交通、完善的配套服务设施以及持续大量的人流；另一方面得益于各类博物馆之间的互补协作与资源共享，促进竞争，并有利于满足观众的就近选择习惯。站在增加博物馆"商机"的角度，博物馆与城市公共文化资源的有机群集，是对商业建筑选址规律——城市中心区域，能见度高的位置，便利的交通接驳，大而持续的人流量，业态发展较为平衡等等——的借鉴。

如果曾到访欧洲的城市，就会发现欧洲城市中的博物馆分布同样暗含了这个原则：欧洲的博物馆在总体上呈现均衡的分布，而在老城中心的各种公共文化地带则相对集中地出现——它们往往毗邻历史建筑、城市广场、宗教场所，或者位于商业街区内，并在各方面条件具备的以上区域里聚集形成博物馆群。事实上，这种大型公共文化设施的聚集建设通常是一些世界发展前沿的国家和地区的文化策略中用以改善城市文化环境、提高城市竞争力的一种途径（表5-3）。

一些城市的公共文化设施聚集状况　　　　　　　　　　　　　表5-3

地区	开发愿景	主要构成
德国法兰克福美因河畔	希望通过文化政策提升城市形象，成为世界性的城市	22个博物馆，80个美术馆，17个戏院和4个音乐厅❶
美国匹兹堡文化街区	希望运用文化策略促进地区经济的多样发展	4个美术馆，6个剧院，1个交响音乐厅，1个表演艺术中心，2个歌剧院❷
英国伦敦泰晤士河南岸	希望通过文化设施的建设带动工业遗址的更新，一改区域的萧条景象，解决公共设施不足的问题	继泰特现代美术馆之后，一系列文化项目相继拉开帷幕：达利作品纪念馆、海沃美术馆（Hayward Gallery）、托波尔斯基世纪展（Topolski Century）、莎士比亚环球剧场、伊丽莎白国家剧院，以及一系列小剧场、画廊、艺术工作室等❸
香港西九龙文化区	希望通过建立大型世界级的文化设施提高香港的文化水平和世界地位	计划兴建15个表演艺术场地，提供最少3hm²的广场，设立一所具博物馆功能，聚焦于20~21世纪视觉文化的文化机构，以及一个专门推广文化艺术和创意产业的展览中心❹

类似的做法在一些国家和地区的发展更新中，也以博物馆为文化设施群聚的主要组成部分而鲜明地展现出来。

案例5-1：河流交汇处的文化岛屿——博物馆岛

有着百年历史的柏林博物馆岛位于施普雷河的河道交汇处，在二次大战中被严重毁坏，直到两德统一后，德国政府才投入大量资金对岛上的所有建筑进行重新修复。被联合国教科文组织列入世界文化遗产名录的博物馆岛由柏林老博物馆同其后的新博物馆、老国家艺术画廊、博德博物馆及佩加蒙博物馆组成（图5-4）。❺其中以佩加蒙博物馆的收藏——如希腊佩加蒙神庙的祭坛、巴比伦的依舒塔尔城门等——最负盛名。

❶ Bianchini,F.and Parkinson. M.Cultural Policy and Urban Regeneration: The West European Experience [M]. New York: Martin's Press, 1993: 122。
❷ 黄鹤. 文化规划——基于文化资源的城市整体发展策略 [M]. 北京：中国建筑工业出版社，2010: 116。
❸ （英）诺曼穆尔（Roman Moore）. 奇特新世界：世界著名城市规划与建筑 [M]. 李家坤 译. 大连：大连理工大学出版社，2002。
❹ 香港西九龙文化区官方网站：http:// wkcdauthority.hk。
❺ 柏林博物馆岛官方网站 museumsinsel-berlin.de。

(a)   (b)

图 5-4　柏林博物馆岛

（a）博物馆岛鸟瞰效果图；（b）博德博物馆

来源：柏林博物馆岛官方网站 museumsinsel-berlin.de

案例 5-2：第五大道的历史文化集散地——博物馆街区

在纽约的"博物馆街区"中，大都会美术馆、古根海姆博物馆、弗利克美术馆、歌德文化中心、犹太博物馆等久负盛名的博物馆，从邻近中央公园的第五大道一直延续到哈林区；街区中许多早期的私人豪宅也随之改建为博物馆、图书馆或文化中心，街区的历史性、文化性得以保留，"博物馆街区"成为市民和游客最喜欢的城市公共文化活动地带（图 5-5）。

图 5-5　纽约第五大道上的部分博物馆

来源：Google Earth 卫星航拍图

案例 5-3：城市中的"文化森林"——上野公园博物馆群

东京的上野公园原来是德川幕府的家庙和一些诸侯的私邸，1873 年改为公园。上野公园景色优美，除了大量有价值的历史建筑以外，还聚集了众多博物馆，如东京国立博物馆、国立科学博物馆、国立西洋美术馆、东京都美术馆、东京文化会馆、法隆寺宝物馆等，被称之为"文化森林"（图 5-6）。

图 5-6 东京上野公园里的部分博物馆

在以往的中国，由于城市中心普遍的寸金尺土，加上传统观念的局限，所以博物馆在城市公共文化区域的相对集中较难实现，其中为数不多的也往往是城市发展过程中民间自发形成的小规模聚集，普遍缺乏先行的规划以及统一的管理和发展引导。但是，随着世界范围内基于文化的全球城市竞争拉开帷幕，从众多的实践中，中国政府也开始看到文化资源的聚集所带来的巨大发展潜能。于是，一些原本由民间自发形成的民营博物馆群聚得到了的重视，重新纳入国家文化规划中的统一管理和发展引导的范畴；同时，在一些城市新一轮的文化规划中，与城市公共文化资源体系相结合的博物馆群聚开发项目，正在被作为启动城市新核心发展区域的重要领军力量。

案例 5-4："露天建筑博物馆"——上海多伦路文化街

位于上海城市中心的多伦路文化街有着百年历史，那里不过 550m 长，却聚集了众多名人故居遗址和小型私人收藏博物馆——像筷子博物馆、古钱币展览馆、南京钟博物馆、文风奇石藏馆、藏书票馆、集报馆、古陶瓷收藏馆等。在近几年政府牵头进行的修葺翻新后，文化街被打造为具有浓郁的文化氛围以及各具特色建筑风貌的"上海露天建筑博物馆"；为配合发展，虹口区文化局还在文化街上创建了上海多伦现代美术馆（图 5-7）。多伦路文化街的发展可以说是从"自发形成"到"统一引导"的见证。

图 5-7　上海多伦路文化街

（a）街道鸟瞰；（b-d）多伦路上的各种私人博物馆；（e）多伦路上的多伦现代美术馆

来源：photo.hudong.com

案例 5-5：新的城市启动引擎——规划中的北京新博物馆区

规划中的北京新博物馆区位于沿故宫中轴线以北的城市北部新核心区，毗邻国家奥林匹克公园，与国家会议中心隔水相望。博物馆区中规划了包括中国国家美术馆新馆、中国国学中心、中国科技馆、中国工艺美术馆——中国非物质文化展示馆在内的四大国家级文化艺术殿堂，同时还配套有相应的商业及文化服务设施（图 5-8）。新的博物馆区将与奥林匹克公园、国家会议中心等国家大型新建公共项目一起，共同拉动北京北部新核心区域的发展和繁荣。

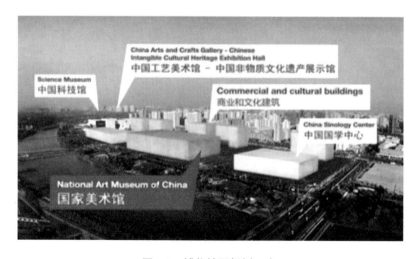

图 5-8　博物馆区规划示意

来源：中国国家美术馆建筑设计投标 OMA 方案多媒体汇报

案例 5-6：文化聚落启动城镇新区开发——安仁建川博物馆聚落

安仁建川博物馆聚落选址于富于旅游资源的四川大邑县安仁古镇，是开发商投资的旅游城镇新区开发项目中的启动工程，希望以古镇原有的旅游资源和新建的博物馆聚落为依托，从而带动周边城镇新区的发展。为避免单一的功能分区造成活力的丧失，聚落将"抗日战争"、"文革艺术品"和"民俗"3个主题的博物馆拆解为 20 余个分馆，分别混杂于规划后约 500 亩范围内的各组街坊之中，并由 20 余位建筑师分别对包含商业、居住、博物馆的街坊组团进行设计（图 5-9）。❶

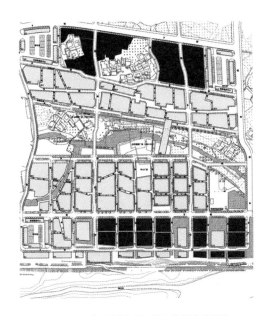

图 5-9　建川博物馆群聚总体规划图

来源：中国建筑设计院网站 cadreg.cn

安仁建川博物馆聚落属于非城市范围的博物馆群聚模式，从长远来看，有利于博物馆的"总体均衡"，也是对城市中心用地短缺的一种回应措施；但在类似博物馆群聚项目的开发时应该考虑该地区与城市的交通接驳以及其配套设施的建设，避免因可达性过低而造成更大程度的资源浪费。

5.2.2　单一功能与混合使用的平衡开发

1987 年，美国城市土地学会把土地的混合使用定义为是一项连贯的、具有多种在功能或形态上实现整合的土地使用模式。❷ 中国的控制性详细规划则把其定义为多种用

---

❶　建川博物馆群聚官方网站 jc-museum.cn/cn/。
❷　应盛 . 美英土地混合使用的实践 [J]. 北京规划建设，2009(02)。

地性质在地块内的兼容布置，其中包括土地性质的兼容和建筑的兼容。❶混合化的土地开发与单一功能的土地开发是一对相对的概念。

　　土地的混合使用是城市集约化发展的主要手段，也是当前城市规划和设计中常见的手法。美国规划协会认为：土地的混合使用是理性发展政策的重要组成部分；欧洲城镇规划师会议指出：混合使用的原则应该被提倡，尤其是在城市中心，它可以有助于带来更多的多样性，并增强城市活力；❷缪朴在其编著的《亚太城市的公共空间——当前的问题与对策》中也指出了围绕公共场所的土地混合使用对于拥有高密度的城市具有十分积极的现实意义。❸

　　实际上，传统的中国城市已经出现这种多功能的土地使用模式，很多城市中心区的建筑或者地块就是商业、娱乐、宗教的混合共用。像各地的城隍庙集庙宇、私人庭院、公共园林、餐馆、特产商店于一身；还有南方地区的骑楼街首层沿街商业店铺退让出人行道，二层住人，日常购物在一条街上解决，同时这里还兼具邻里交往、市集摆摊、躲避风雨等多种功能，这种风俗一直延续至今（图5-10）。

图 5-10　城隍庙与骑楼街

来源：左图来自 shmzw.gov.cn

　　传统的博物馆开发模式具有"用地独立、功能单一"的特征；然而在当代，博物馆面临着社会职能的扩展与由于各种资源短缺引起的可持续发展之间的矛盾，也面临着传统的占据独立用地的低密度建设模式与高密度的城市中心开发现状之间的矛盾；独立而单一的博物馆开发已经不能完全适应城市发展的各种实际条件。因此，在满足大型

❶ 夏南凯，田宝江编著. 控制性详细规划 [M]. 上海：同济大学出版社，2005：37-38。
❷ 应盛. 美英土地混合使用的实践 [J]. 北京规划建设，2009（02）。
❸ 缪朴编著. 亚太城市的公共空间——当前的问题与对策 [M]. 北京：中国建筑工业出版社，2007。

博物馆对于独立用地的需求的基础上，博物馆复合化城市网络的建构应该鼓励中、小型博物馆的开发对于地块以及建筑的混合化使用。这种多层次的土地及建筑的混合使用在某种程度上是对有限空间资源的高效利用，有利于文化在区域发展中发挥导向和推广作用，有利于各领域在经济、技术及精神上的互补协作和相互支持，有利于促进竞争，还有利于在一次次的合作、交流中产生各种新的灵感。

混合用地中的博物馆开发主要有 3 种模式（图 5-11）：

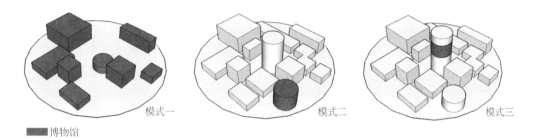

■博物馆

图 5-11　博物馆在混合用地中的三种主要开发模式

模式一：多个博物馆在同一用地中开发建设，形成博物馆建筑群，如：柏林的博物馆岛。

模式二：博物馆以独立建筑体的建设模式与其他性质的建筑在同一用地中进行建设，如：首尔的三星公司总部的罗丹博物馆（图 5-12）。

图 5-12　首尔三星公司总部罗丹博物馆

来源：KPF 建筑师事务所. 世界建筑大师优秀作品集锦 [M]. 刘衡 译. 北京：中国建筑工业出版社，1999

模式三：博物馆在用地中与其他性质的建筑复合建设，形成建筑综合体，即作为该建筑的附属功能而存在于该建筑的某个组成体块或者楼层中，如：东京六本木新城的森美术馆、六本木中城的三得利美术馆、柏林波茨坦广场的索尼中心。

案例 5-7：博物馆作为新城开发的文化地标——东京六本木新城

为解决六本木地区的功能退化问题，20 世纪 80 年代末开始的六本木新城再开发计划以打造"城市中的城市"为目的，并以展现公共艺术、景观、生活为发展重点。[1]2003年建成使用后的六本木新城是一座集办公、住宅、商业设施、文化教育设施、酒店、电影院和广播中心为一身的建筑综合体，具备了居住、办公、娱乐、休闲、文化、教育等多种功能（表 5-4），其中以现代艺术为展览与馆藏主题的森美术馆更是作为新城开发导向的文化地标（图 5-13）。地块中大体量的高层建筑与宽阔的景观人行道、多层次的露天园林交织在一起，为拥挤的东京增添了举足轻重的绿化空间（图 5-14）。

六本木新城各项面积指标　　　　　　　　　　　　表5-4

用地概括及指标			
主要用途	办公楼、住宅楼、旅馆、商铺、美术馆、电影院、电视台、学校、寺院		
地块面积	11.6hm²	建筑面积	759100m²
占地面积	89400m²	住户数量	837 户
建筑指标			
好莱坞美容广场	地上 12 层 / 地下 3 层 24800m²	六本木山森大厦	地上 54 层 / 地下 6 层 379500m²
凯悦酒店	地上 21 层 / 地下 2 层 69000m²		其中森美术馆位于地上 52 ~ 54 层，2900m²[2]
榉树坡综合体	地上 7 层 / 地下 3 层 23700m²	朝日电视台	地上 8 层 / 地下 3 层 73700m²
榉树坡台地	地上 6 层 / 地下 1 层 6900m²	六本木山住宅楼	地上 43 层 / 地下 2 层 149800m²
寺院	地上 2 层 / 地下 1 层 500m²	六本木山门楼	地上 15 层 / 地下 2 层 30800m²

来源：徐洁，林军.六本木山——城市再开发综合商业项目 [J]. 时代建筑，2005(02)；根据文中的相关数据整理。

---

[1] 六本木新城官方中文网站：roppongihills.com/cn/。
[2] 郑珊珊.日本森美术馆——在生活中享受艺术 [J]. 紫禁城，2008(04)。

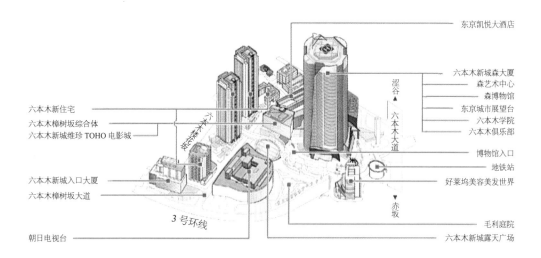

图 5-13　六本木新城开发示意图

来源：根据六本木新城官方网站的资料图片改绘

图 5-14　六本木新城

来源：徐洁，林军. 六本木山——城市再开发综合商业项目 [J]. 时代建筑，2005（02）

案例 5-8：博物馆作为商业地产的文化配套——柏林索尼中心

索尼中心所在的柏林波茨坦广场在二战前曾是繁华的市中心，战后荒废多年，两德统一后重新开发。建成于 2000 年的索尼中心是德国柏林波茨坦广场中的重要建筑群体，其中包含了商店、餐厅、会议中心、酒店客房、豪华套房和公寓、办公室、电影院、IMAX 剧场，以及艺术和电影博物馆。在这里，由建筑围合成的大尺度中庭成为公众日常及节假日休闲娱乐生活的热点场所（图 5-15）。

（a）   （b）

图 5-15　波茨坦广场的索尼中心

来源：（a）来自 Google Earth 卫星航拍图；（b）来自 flichr.com

混合用地中的博物馆开发要注意以下几个关键点：

（1）博物馆与其他功能的混合建立在运营独立、互不干扰的基础上，但同时它们相互之间又能协同地发挥系统效应和整体优势。

（2）不同的博物馆适合不同的用地开发模式，应以具体项目中的博物馆类型和规模作为主要衡量标准，平衡独立用地与混合用地的开发比例。

（3）严禁博物馆在性质不相兼容的土地中进行混合开发，比如一些重污染的工业区用地、医院用地等地块就不能开发建设任何形式、类型、规模的博物馆。

（4）对于城市中心的商业用地，规划部门可以运用相应的规划激励政策——如奖励容积率，鼓励性用地规划及转移开发权等办法——来鼓励开发商在开发城市中心的商业用地时为公众开发建设包括博物馆在内的更多的公共文化设施。

5.2.3　类型、规模及建设模式的综合考量

目前中国对博物馆规模的界定见表 5-5，这是基于行政级别对博物馆规模的划分，这种划分标准过于笼统，对实际的规划工作缺乏具体的指引和依据，因此，复合化城市网络的建构需要对博物馆的类型、规模以及建设模式进行综合考量。这样一方面为不同类型博物馆的开发建设提供先行的概念性规划，有利于解决中国当前以展示内容为分类标准的博物馆比例缺乏均衡的问题；另一方面，有利于城市土地资源的有效配置和集约

化使用,使博物馆的复合化网络在资源短缺的现实下仍然能与城市有机复合,最终形成"以大型博物馆为核心,以中型博物馆为拓展,以小型博物馆为补充"的城市分布架构,从而使博物馆与城市的文化活动、公共活动、商业活动以及社区生活紧密复合,并在此过程中对城市环境进行优化,实现城市品质的整体提升。

中国的博物馆基于行政级别的建设规模划分 表5-5

按规模分类	建筑规模	一般适用范畴
大型博物馆	> 10000m²	中央各部委直属博物馆和各省、自治区、直辖市博物馆
中型博物馆	4000 ~ 10000m²	各系统省厅(局)直属博物馆和省辖市(地)博物馆
小型博物馆	< 4000m²	各系统市(地)、县(县级市)局直属博物馆和县(县级市)博物馆

来源:根据《博物馆建筑设计规范》(JGJ 66—91)中第1.0.3条的内容整理。

对博物馆的类型、规模以及建设模式进行综合考量,需要以博物馆在城市中的空间形态作为划分基础。随着复合化趋势下的博物馆形式从多元化向广义化过渡,除了不同性质、功能的建筑个体——如曾提及的煤矿、商场、工厂、城堡等——都能成为博物馆之外,博物馆还出现了各种"非建筑"的空间形态,它是当代社会经济、资源配置、城市建设等不同领域综合发展的产物。不同的空间形态分别对应不同的建设模式,同时也分别适应不同的博物馆类型和规模。因此,在复合化的趋势之下,以博物馆的空间形态划分为基础,同时结合对类型和规模的综合考量,当代博物馆的建设模式主要有以下3种分类(表5-6):

1)博物馆作为独立个体

围绕博物馆功能而开发的性质单一的建筑个体,就是博物馆作为独立个体的建设模式。传统意义上的博物馆大多是独立的建筑个体,其中包括专门为藏品而建的——如纽约现代博物馆、柏林佩加蒙博物馆,也有通过改造其他功能的建筑而重新赋予其博物馆功能的——如巴黎卢浮宫、中国故宫博物院等。在博物馆的复合化发展趋势下,正如上文所列举的,各种各样其他性质的建筑通过改建也能变成形形色色的博物馆,它们都属于博物馆作为独立个体的建设模式。

博物馆作为独立个体是博物馆与城市复合的最为传统,以及在当今最为普遍的建设模式;作为独立个体的博物馆一般拥有较大的规模,同时也需要较多的库存空间,因此这种类型的博物馆应该选址于用地相对宽裕的独立地块,并适合作为国家级、省级的历史类、综合类、科学类的博物馆。

2)博物馆作为附属功能

复合化趋势使博物馆与各种相关产业的合作日益紧密,博物馆也越来越多地作为附属功能的形式而复合于不同性质的建筑空间中,呈现出"空间复合、运营独立"的特点——即是博物馆的空间布局、流线组织与所在建筑有机复合，但博物馆仍保持运营管理过程及工作的完整性和独立性——这就是博物馆作为附属功能的建设模式。这种空间形态的博物馆目前多见于以商业开发为主导的城市综合体中，其外部造型、立面等元素均跟随所在建筑的形式；这种模式的博物馆实例有：墨尔本联邦广场的艺术中心、拉斯维加斯威尼斯酒店的古根海姆博物馆、东京中城的三得利美术馆、东京六本木新城的森美术馆、北京保利大厦中的保利艺术博物馆等等。随着各方面发展的成熟，博物馆作为附属功能的建设模式将出现在越来越多的领域和空间中，像校园建筑、图书馆、艺术工作室，甚至机场等等。

由于要与其他功能共用建筑，以附属功能为建设模式的博物馆一般不宜拥有大型的规模和大量的藏品，而适合藏品流动性较大的小规模的艺术类、专题类的博物馆类型，就像欧洲街块中"见缝插针"的小型画廊，或者近年来在中国开始流行的以古物收藏为主题的咖啡馆、私人收藏室等。正是得益于小型化和灵活化，博物馆作为附属功能的建设模式一方面能为民营博物馆带来更为广阔的生存空间，另一方面也能提高艺术类、专题类等博物馆的数量比例，填补相关领域资讯传播量的不足。

3) 博物馆作为开敞空间

博物馆作为开敞空间可以分为两种模式，实质上包含了2种设计思考的过程。

第一种，根据基地现实情况、藏品类型、展示主体及展示条件，或者博物馆本身需要表达的概念等因素，最终确定以户外空间作为博物馆的主体空间形态。

欧洲犹太遇害者纪念碑群，就是设计师对展示主题的思考、分析以及抽象之后而选择以纪念场所为呈现的广义博物馆；以下的案例 5-11 中的箱根雕刻森林美术馆，则是出于让雕刻作品融入自然，因此形成以户外展场为主体的美术馆。

第二种，实际上是一种以整合优化城市空间为目的，通过借鉴博物馆"向公众展示历史，为公众提供服务"的运营理念而形成的用地开发概念。这种模式主要运用在对历史文化地段的开发上。城市发展变迁过程中形成的具有一定历史、文化、艺术价值的地段，往往被看作是城市的露天博物馆（图 5-16），对城市中这种类型的场所进行开发维护时，需要借鉴博物馆的运营思想——向公众展示，

图 5-16　柏林墙

为公众服务。比如在规划定位、城市设计等各设计阶段中，均应该突出区域的历史文化价值，增加对参观流线的设置、空间氛围的营造，同时提供相关公共服务设施的配套。

博物馆作为开敞空间的第二种模式在目前只是一种设想，而实际操作中，是否将其界定为真正意义上的博物馆，以及连带的一系列问题和工作还有待研究，故不在本书展开论述。但无论如何，这种开发模式基于博物馆空间形态的广义发展，在对环境资源的有效利用方面有着重要意义，同时也是博物馆的复合化城市网络的有效补充。

综合考量展示类型和规模的博物馆建设模式划分 　　　　　表5-6

按建设模式分类	开发特征	一般适用范畴	实例
博物馆作为独立个体	围绕博物馆功能而开发的性质单一的建筑个体，是最为普遍的博物馆建设模式	一般拥有较大的规模，同时也需要较多的库存空间，因此应该选址于用地相对宽裕的独立地块，适合国家级、省级的历史类、综合楼、科学类的博物馆	大英博物馆：100000m² 卢浮宫：75000m² 首都博物馆：63390m² 德意志科学技术博物馆：40000m²
博物馆作为附属功能	博物馆作为附属功能的形式而复合于不同性质的建筑空间中，但博物馆仍保持运营管理过程及工作的完整性和独立性	一般不宜拥有大型的规模和大量的藏品，而适合藏品流动性较大的，中、小规模的艺术类、专题类的博物馆类型	东京三得利美术馆：4663m² 东京森美术馆：2900m² 拉斯维加斯古根海姆博物馆：2800m²
博物馆作为开敞空间	以户外空间作为博物馆的主体空间形态	根据基地的现实情况、藏品的类型、展示主体及展示条件，或者博物馆本身需要表达的概念等因素决定	欧洲犹太遇害者纪念碑群、箱根雕刻森林美术馆、美原高原美术馆
	实际上是以整合优化城市空间为目的，通过借鉴博物馆"向公众展示历史，为公众提供服务"的运营理念而形成的用地开发概念	这个概念基于博物馆空间形态的广义化发展，主要运用在对历史文化地段的开发上	柏林墙、上海多伦路文化街、广州小洲村、南非约翰内斯堡的索维托地区

案例 5-9：博物馆作为独立个体——斯图加特保时捷汽车博物馆

建成于 2009 年的保时捷博物馆像一个艺术雕塑般在城市中独立特显，简洁而有力的线条感，巨大的体量以及张扬的出挑尺度刺激着人们的视觉，同时也宣扬着品牌的个性魅力。博物馆包含 3 个主要功能：工作车间、展示区和档案馆，另外还配套有商店、餐厅、酒吧和公共活动区。展示区内展出 80 多辆保时捷历史上重要的车型，从过去到现在一应俱全。博物馆从内到外的高昂成本与前卫表达，与其说是推广汽车品牌的展馆，还不如说是收藏汽车艺术的珍宝馆（图 5-17）。

图 5-17　保时捷汽车博物馆

来源：左图来自保时捷汽车博物馆官方网站

案例 5-10：博物馆作为附属功能——森美术馆

拥有大量艺术文化与休憩设施是六本木新城作为东京文化核心地区的重要资本，而作为附属功能而位于中心建筑森大厦塔楼 53 楼的森美术馆更是这个文化核心中的核心。森美术馆以现代艺术为展览和馆藏主题，与位于 49～54 层的城市观景台、会员俱乐部、学术研究机构等其他文化设施共同组成森艺术中心，为公众提供以展示、教育、休闲、观光等为中心展开的各种活动，被喻为新东京文化的象征。

案例 5-11：博物馆作为开敞空间——箱根雕刻森林美术馆

箱根雕刻森林美术馆是日本第一家以雕刻为展览主题的户外美术馆。该馆由日本富士财团赞助，70000m² 的公园让雕刻作品完全融入山林的环境之中（图 5-18），公园内收藏有各地雕塑大师的作品多达 400 件以上，包括杰·克梅第、米罗、亨利·摩尔、罗丹，日本的佐藤忠良，台湾的杨英风和朱铭等雕刻名家的作品。由于雕刻森林美术馆的展览方式和经营理念广受大众欢迎，日本随后又有不少地方推出了这样的户外雕塑美术馆，如上野之森美术馆、美原高原美术馆等。

图 5-18　箱根雕刻森林美术馆

来源：箱根雕刻森林美术馆官方网站

5.2.4　通过建构网络层级制定的发展规划

以人口规模为标准是制定博物馆发展规划最为简单的方式，因为它能直接被其他城市和地区作为参考（表5-7）。例如英国艺术委员会（the Arts Council）在1959年所作的"在英国的艺术设施设置"（Housing the Arts in Great Britain）调查中列举了若干文化设施设置的原则，其中提到"5万及以上人口的城镇应当拥有1处博物馆或美术馆，以及1处有专职人员管理的专业型艺术中心"。[1] 中国2010年上海城市文化设施发展规划参考了国际城市——纽约、伦敦、巴黎和东京在20世纪90年代的人均文化设施水平，其中提出"每10000人1个博物馆（包括不同的类型，例如纪念博物馆、美术馆、展览厅等）"。[2] 这些都是典型的以人口规模为参考制定的博物馆发展目标。

部分国家按人口规模统计的博物馆建设情况　　　　　　　表5-7

国家	人口/博物馆 （万人/座）	国家	人口/博物馆 （万人/座）
中国	51.508	挪威	0.897
法国	4.363	澳大利亚	0.916
英国	3.375	奥地利	1.104
日本	3.331	瑞典	1.114
美国	3.056	意大利	1.639
加拿大	1.996	德国	1.698

以人口规模制定博物馆建设的发展目标是对博物馆在规划总量中的粗略估计和控制，但却没有考虑博物馆在城市中的空间布局问题以及博物馆的服务半径，因此，与城市文化规划相同，结合人口规模和空间距离是目前最为主要的博物馆规划方法。英国政府在1999年所作的《迈向城市复兴》报告中正是采用这种方式提出了城市公共设施的供应框架；在图5-19中，笔者基于原图对建议建设博物馆的地方作出了新的标识。

---

[1]　Evans, G. Cultural Planning: An Urban Renaissance [M]. London: Routledge 2001: 105-106.
[2]　香港特别行政区政府规划署报告：Cultural Facilities: A Study on Their Requirements and the Formulation of New Planning Standard and Guildelines [R]. 1999: Appendix F.

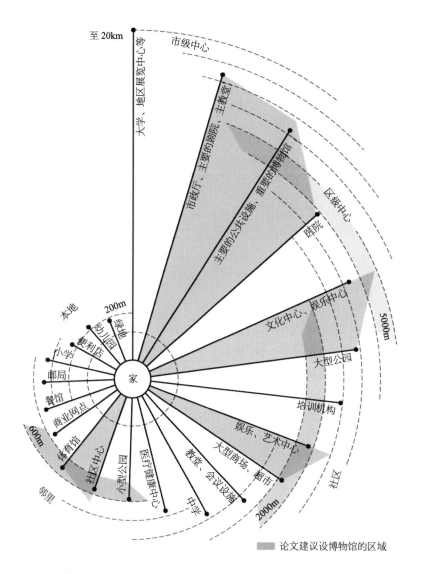

图中文字标注：
至 20km
市级中心
大学、地区展览中心等
市政厅、主要的剧院、主教堂
主要的公共设施、重要的博物馆
区级中心
医院
文化中心、娱乐中心
5000m
大型公园
培训机构
娱乐、艺术中心
社区
大型商场、超市
教学、会议设施
2000m
高中
中等职业医院
小型公园
社区中心
家用
体育馆
600m
商业网点
餐馆
邮局
小学
便利店
幼儿园
绿地
200m
本地
家

■ 论文建议设博物馆的区域

图 5-19   以人口规模和空间距离为发展框架的博物馆规划

来源：Urban Task Force.1999：31；在原图对建议建设博物馆的地方作出了新的标识

　　但实际上，博物馆的服务区域往往跨越服务半径的限制，因为一个有着巨大吸引力的博物馆，它的服务半径可能可以达到世界各地。因此设定博物馆服务半径的现实意义值得商榷。依据人口规模和空间距离制定博物馆的发展规划尽管能较为便捷地统计城市范围内的博物馆总体数量，在一定程度上对相关发展策略的制定具有指导意义，但其空间分布的合理性对于实际的需求反馈却缺乏动态的适应。

　　城市文化规划的空间发展目标和原则之一，就是依据对所在地区文化需求和文化设施使用的评估，建立起相对完善的文化设施和文化产业链的空间层级。这有利于对不同层次的文化需求作出回应，既为当地居民提供相应的文化设施和相关设施，同时能够立足于更大的空间范围内，在协作的基础上从城市、区域范围来建立系统化的文化资源格局，增强整体的文化影响力和竞争力（图 5-20）。❶

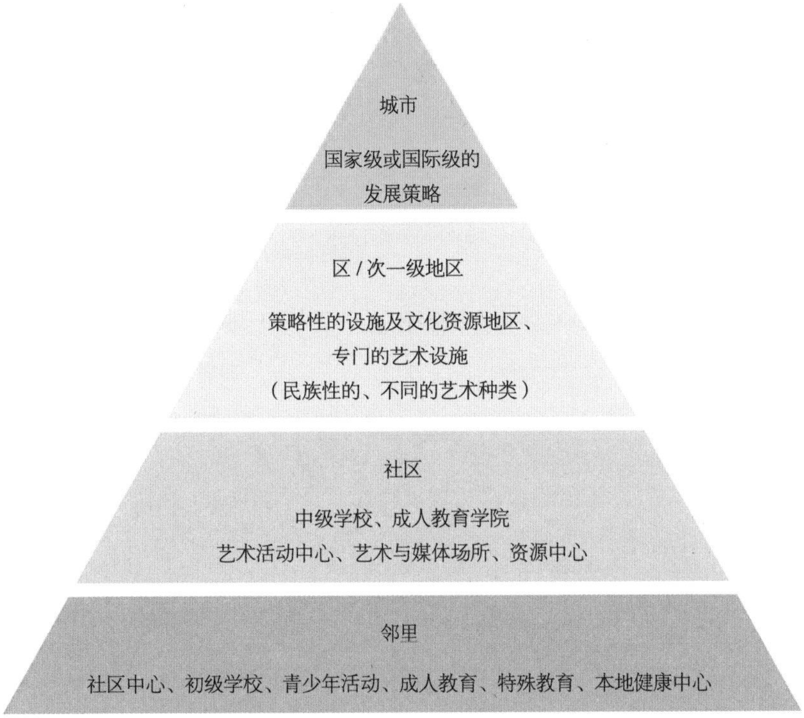

图 5-20　博物馆发展规划可以借鉴的城市文化资源空间层级

来源：转引自：黄鹤．文化规划——基于文化资源的城市整体发展策略 [M].

北京：中国建筑工业出版社，2010：114

　　因此，借鉴城市文化规划的空间层级化建构目标和原则，城市的博物馆发展规划需要以人口规模和空间距离为宏观指导，结合城市公共文化资源的整体部署，同时还要依据来自公众、社会以及博物馆自身发展的各种实际的需求，建构起有利于融合以上因素的博物馆在城市中的网络层级——复合化城市网络。

　　参考文化规划流程中的文化标绘（Cultural Mapping）方法，博物馆复合城市网络的建构首先也要在规划图纸上完成相关信息的分层标绘：

第一层，标绘出城市的文化资源，作为发展引导（图 5-21）。

第二层，标绘出城市的公共空间体系，作为发展框架（图 5-22）。

第三层，标绘出城市中已有的博物馆，作为发展参考（图 5-23）。

第四层，标绘出社区级的文化艺术中心、服务中心等可用资源，作为发展配合。

---

❶ 黄鹤．文化规划——基于文化资源的城市整体发展策略 [M]．北京：中国建筑工业出版社，2010：114。

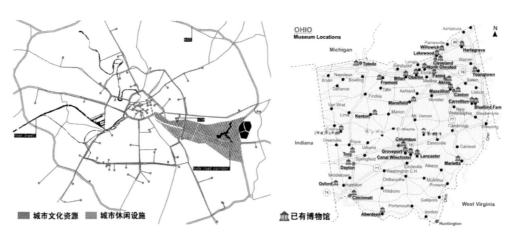

图 5-21　英国曼彻斯特的城市文化休闲资源标绘

来源：曼彻斯特文化规划网站

图 5-23　美国俄亥俄州的已有博物馆标绘

来源：mapsofworld.com

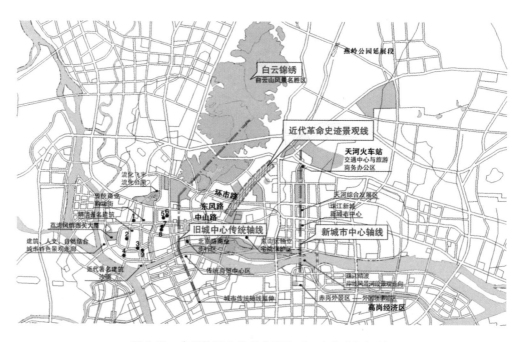

图 5-22　广州的城市公共空间体系及文化资源标绘

来源：华南理工大学建筑学院建筑与城市设计研究所

　　分层的图纸标绘是复合化城市网络建构的基础，依据这些信息的获得，还需要通过各种公众的意向调查或者使用评估，结合城市土地开发的实际情况，对博物馆的类型、规模、建设模式、运营方式等方面进行深入的综合分析。

　　基于以上信息之间的相互融合，博物馆的复合化分层网络在城市整体格局中逐步显现，其具体的层级建构详见 5.3 节。

5.3 复合化城市网络的建构层级

博物馆复合化城市网络的建构以城市文化资源为发展引导，以城市公共空间体系为发展框架，以城市已有博物馆为发展参考，以社区可用文化服务资源为发展配合。复合化城市网络的实质是依据建立的原则和规律，对博物馆在城市中的分布结构进行层级制定的过程（图5-24）。在整个建构过程中，城市中的博物馆因循由框架到细节，由"有机群聚"到"总体均衡"的步骤逐步复合，最终形成博物馆的复合化城市网络。

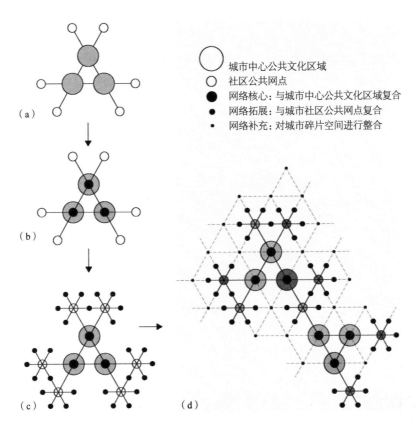

○ 城市中心公共文化区域
○ 社区公共网点
● 网络核心：与城市中心公共文化区域复合
• 网络拓展：与城市社区公共网点复合
· 网络补充：对城市碎片空间进行整合

图 5-24 博物馆复合化城市网络的层级建构过程示意

本图仅仅为示意图，不涉及具体尺寸、尺度等因素

5.3.1 网络核心：与城市中心公共文化区域复合

复合化城市网络与城市的公共文化资源的关系密切，在进行博物馆建构的时候，首先应该在图纸中标绘出以城市建成环境为呈现的这些公共文化资源，即城市的公共文化区域。然后是结合城市文化规划以及博物馆自身发展的战略规划，对这些标绘出的公共文化区域进行选择和分类，从而确定博物馆与城市复合的网络核心。其中，在对公共

文化区域进行选择的时候应注意2个关键点：①位于城市中心，具备便利的交通接驳和成熟的设施配套；②该文化区域具有共享性，向公众开放。

参考城市文化规划的资源划分，备选的城市中心公共文化区域可以分为3类："历史文化区"、"文化消费区"以及"文化广场区"。一方面，这三类区域多数是城市发展过程中形成的中心公共活动空间，公众前往活动的习惯已经形成，因此普遍拥有持续大量的人流、便利的交通接驳和成熟的设施配套，为博物馆的发展打下基础。另一方面，随着城市的发展，这三类区域有时独立存在，但更多的情况是互相之间有交集，就像在历史文化区中往往也可以进行休闲消费以及户外活动。这3类区域就是博物馆与城市复合所选址的网络核心。

1）核心一：历史文化区

历史文化区是指在城市发展过程中成片聚集的，具有历史价值或者纪念意义的古遗址、古建筑、宗教场所、政治事件纪念场所等地段，以及以此地段为中心而发展生成的能较完整地体现出某一历史时期的传统风貌或者地方风俗的街区。事实上，得益于历史文化区具有的天然的历史、文化、艺术的展示价值，与遗址结合或者位于宗教建筑附近又或者通过改造历史建筑的博物馆多不胜数。比如：面朝梅森卡里——一座保存完好的罗马时期的神庙——而建的尼姆艺术广场（图5-25），利用皇宫改建的巴黎卢浮宫博物馆，与一座建于1842年的老建筑合二为一的格拉茨美术馆，位于科隆大教堂旁边的路德维希博物馆（图5-26）和罗马日耳曼博物馆等等。

在中国，也有基于皇城改造的故宫博物院，紧邻拙政园、忠王府的苏州博物馆（图5-27），还有在遗址所在地建起的南京大屠杀遇难同胞纪念馆等等。历史文化区域往往是城市发展过程中的客观存在，位置相对确定，博物馆复合其中并与其进行共同设计的时候应该以敬畏历史的态度，严格遵守保护文脉的各种相关规定。

图 5-25　面朝古代神庙的尼姆艺术广场

来源：福斯特及合伙人事务所.艺术广场 [J]

世界建筑，2006（09）

图 5-26　紧邻克隆大教堂的路德维希博物馆

来源：flickr.com

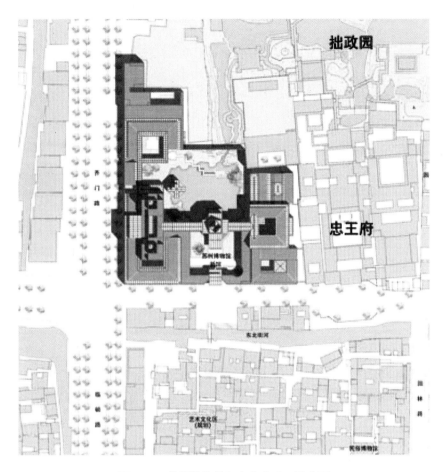

图 5-27　苏州博物馆与文化古迹一墙之隔

来源：苏州博物馆官方网站

2）核心二：文化消费区

文化消费区是指以具有一定规模的文化生产与消费场所，通常以商业、文化及创意产业为主导并附带相应的休闲娱乐设施而聚集在城市中心。在很多发达国家的城市，博物馆与文化及商业消费区域的复合布置早已经成为常见的规划手法；但目前中国的城市规划设计，也许主要由于文化、土地利用的综合原因，一般不会把具有一定规模的博物馆选择在以商业、文化消费为主导的区域里；但事实上，博物馆与文化消费区的合作共赢，一方面得益于对人流、交通、配套设施等资源的共享，另一方面也在一定程度上成为文化消费区的文化品牌和价值引导，并通过举办各种文化创意活动为区域吸引更多人流，从而带来更多商机。比如：东京的六本木新城、悉尼的巨石区、情人港等这些以文化和商业共同打造开发的城市中心公共商圈，都建设有不同规模的博物馆，并且由于博物馆的存在而提高了这些区域的文化定位和地区知名度；还有斯图加特艺术博物馆（图 5-28）、悉尼博物馆（图 5-29）等也是繁华的商业街区之中的文化旗帜。

图 5-28　城市文化商业综合街区里的斯图加特艺术博物馆

图 5-29　城市 CBD 里的悉尼博物馆

3）核心三：文化广场区

文化广场区是指规划设计根据历史延续、自然条件、城市空间布局及公众文化生活的需要，而在城市中心保留或新规划的具有一定规模的公共活动场所，往往以城市广场或城市公园的形式呈现。在中国，文化广场区通常由包括政府办公楼、图书馆、博物馆、剧院等在内的大型综合建筑群体所围合、限定而成。比如：北京天安门广场旁的中国国家博物馆、上海人民广场中央的上海博物馆、广州花城广场旁的广东省博物馆、烟台文化广场里的烟台博物馆等等，都属于城市文化广场区范围内的博物馆。（图5-30）

（a）

（b）

图 5-30　城市广场中的博物馆

（a）人民广场中的上海博物馆；（b）花城广场旁的广东省博物馆

来源：（a）来自 flickr.com

在国外，文化广场区往往以城市公园呈现。比如：东京都台东区的上野公园，那里由于聚集了众多包括博物馆在内的文化建筑而被称为东京的"文化森林"（图 5-31），还有位于悉尼市中心的海德公园，附近也坐落了新南威尔士博物馆以及若干小型美术馆。博物馆选址于文化广场区有部分是城市发展过程中所形成的，也有是出于对启动新城建设或者旧城更新的考虑，政府希望通过包括博物馆在内的文化综合体强化地区的文化定位，推动区域经济发展并作为该区域的文化休闲配套。

（a）

（b）

图 5-31　城市公园中的博物馆

（a）东京国立博物馆；（b）东京国立西洋美术馆

来源：（a）来自国立博物馆官方网站

5.3.2　网络拓展：与城市社区公共网点复合

社区公共网点，一般是指为配合社区居民日常生活需要而配置的具有商业、服务、

绿化、活动等综合功能的小型公共设施、机构或场所，比如：社区购物点、便民中心、活动中心、管理中心、社区图书馆等等。这些公共设施或机构通常是遍布社区各个人流相对集中、交通相对便利、环境相对良好的地段，正如分散布置在居住小区或街坊中的储蓄所或者分行、支行一样，其目的是为了方便社区居民的到达和使用。

博物馆与社区公共网点的复合，是复合化城市网络的展开，是实现网络"总体均衡"的主要措施。得益于社区生活网点的公共性、便利性和相对均衡性，有利于博物馆的步行可达，从而为社区居民提供更便利的学习环境和更多获得知识与美感的机会，真正达到博物馆教育与生活结合的目的。同时，博物馆与社区公共网点的复合，强调当地居民对博物馆各阶段的共同参与，包括博物馆构思、藏品的收集、后续经营管理等阶段，通过这一过程让居民重新认识与体验变迁中或业已消失的当地文化，形成社区的认同感。还有，博物馆与社区公共网点的复合有利于实现社会资源的共享，达到了在有限的经济、土地等条件之下，尽可能让公众拥有更多的博物馆的初衷。再换一个角度，博物馆的进驻，也能提升小型公共设施或机构以及其所在环境的文化品质，带动社区文化活动的兴旺，并为社区创造许多间接价值，比如：提升地方文化形象，普及地方文化，增加社区就业机会，提高居民经济收入，增进邻里感情，丰富文化生活等等，这些都是博物馆与社区双赢的体现。

博物馆与社区公共网点的复合模式主要有 3 种（图 5-32）：

模式一，博物馆与社区公共设施邻近建设。

模式二，博物馆与现存的设施共用同一建筑空间，将文化服务功能复合其中。

模式三，博物馆完全置换原有建筑的功能，像东京的原美术馆——日本最早的私人现代美术馆——就是改建于居住社区中的私人住宅。

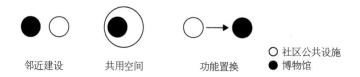

邻近建设　　　　共用空间　　　　功能置换　　　　○ 社区公共设施
　　　　　　　　　　　　　　　　　　　　　　● 博物馆

图 5-32　博物馆与社区公共网点的 3 种基本复合模式

除此以外，社区层面的博物馆还应该与高校校园结合，尤其是与高校校园的相关文化设施——如图书馆、文体中心、学生活动中心等——进行复合建设。邻近社区的高校的校园环境和服务设施在一定程度上成了社区生活的配套，而高校博物馆的建设和开发模式，有利于最大限度地有效利用高校的建设资源和科教资源，在展现高校深厚的文化底蕴的同时丰富社区居民的文化生活。事实上，一部分专科高校为了配合自身学术展示和传播的需要，已经在校区内建设了专属的博物馆，像北京美术学院、广州美术学院的博物馆等。然而目前中国绝大部分高校博物馆的投入力度、专业水平、馆藏资源不足，同时缺乏一套整体的规划、策划、建筑、展示设计策略和方案，比如普遍出现深入校园内部，远离学校入口；"藏"于教学楼，无明显标识；展室布置如同库房，无专门的藏品保存技术等情况，从而导致社会性、公共性、开放性以及吸引力的低下，这是高校博物馆在今后发展中应该调整优化的主要部分。

5.3.3　网络补充：对城市碎片空间进行整合

城市碎片空间指的是城市开发后所剩下的空置地，建筑与建筑之间形成的没有明确用途的弃置的公共空间，或者是一些容易被人忽略或者绕行而过的消极地带。❶ 比如：住宅群落中建筑与建筑之间由于朝向或者造型的原因所形成的缺乏设计的空地，街道的转角，狭长街巷中突然放大的地方，甚至高架桥桥底等等。随着城市的变迁，一些被遗留被废弃的场所——如厂房、铁路轨道等——也被囊括进入城市碎片空间的行列。

改革开放以来，中国城市和社会发生了翻天覆地的变化，然而城市的发展并不意味只关心新事物；在城市飞速的建设过程中产生和遗留了不少碎片空间，它们的存在严重地影响了城市的面貌以及人们对城市的体验，如何对它们进行重新整合和充分利用是当代创意城市理论所涵盖的重要内容。

博物馆对城市碎片空间的整合，是对复合化城市网络的有效补充，也是博物馆作为文化创意媒介在城市各个角落中传播的最为典型的表现。它是对城市空间秩序及环境的一种梳理和优化，同时还充分利用了城市的资源，让原本闲置的废弃地重新拥有了价值，重新成为城市公共空间的有效的组成部分。博物馆对城市碎片空间的整合充分体现了复合化趋势为博物馆以及城市空间带来的整体提升。

博物馆对城市碎片空间的整合体现在 3 个方面：

1）博物馆对用地周边环境的优化

当博物馆选址于一些杂乱的街区——比如道路狭窄、建筑风格各异、环境破旧嘈杂、缺乏足够的公共活动区域以及便民设施等——博物馆应该通过各种"主动"的设计措施，利用本身的文化艺术气息感染周边区域。比如博物馆的空间格局可以结合为区域提供尽可能多的开放活动空间的出发点进行考虑，功能及流线的设置可以从周边公众日常行为习惯以及需要入手，同时可以对该区域的铺地、绿化、公共设施配置等方面进行配合设计，从而为周边原本不良的环境带来品质的提升。

像本书 2.4.3 节中的举例：德国科隆的科伦巴博物馆通过利落而整体的建筑体量整合了场地中的 3 部分建筑遗址、碎片，并利用灰砖缝和教堂的残余立面组合成了博物馆

---

❶　参考了北京大学景观设计学研究院助理教授马尔特·斯鲁格（Malte Selugga，德国），在 2006 年北京大学中德景观规划高层学术研讨会中的发言。

的新立面，在尊重原有建筑的同时，让原本满目疮痍的地带重新焕发生机。

2）博物馆对工矿业遗址的复兴

功能退化的工矿业遗址——如工业区、码头、矿场等——普遍具有一定的规模，因为多数地处城市的边缘地带，所以往往不易被纳入城市更新的项目中而形成影响城市面貌的环境碎片。然而，结合城市对文化创意产业的发展规划，以及博物馆的进驻，有利于这种局面的改变。像德国鲁尔工业园区、北京 798 艺术区、上海苏州河艺术区、广州红砖厂创意园等等，这些旧工厂的创意开发项目，都有一个完整的发展研究、投资预测、园区设计和建设的过程，而建于其中的博物馆以及具有文化艺术展示功能的机构，对园区的发展起到了重要的力量凝聚和设施配套完善作用。

3）博物馆对边角空置场所的利用

这种形式以博物馆作为开敞空间为基础，就是利用城市开发后残余的边角空置地，根据实际环境及条件，形成室外展示场所，同时对该场地配置一定的服务设施。

这种开敞模式的博物馆可以在区域规划时同步考虑；也可以在区域建成后对城市街区、居住区、商业办公区中的一些被空置、忽视的碎片空间进行开辟，像香港街头散布的一些袖珍公园、游戏场、户外休息场地都是这种开发模式；也可以与社区中的户外公共活动区域复合，比如街心公园、居民锻炼场地等。

考虑到露天的因素，这种类型的博物馆应该尽量选择不需要严格保存的展品，而展示内容可以以社区的资讯、文化艺术交流为主；此外，场地上除了具备展示功能以外，还应该提供一定的服务设施，像最基本的休息座椅、卫生设施，甚至便利小店、儿童活动区域等等。正如上文一直提到的，露天的展示场所既能增进邻里之间的知识和感情交流，增强社区凝聚力，同时还能使一些空置地得到充分利用，实现了居住区环境的整治和优化——比如住宅区前的一片空地，原本是车辆乱停乱放的地方，经过改造成了展示居民公共生活的场地；再比如一条狭长而无趣的巷道，经过对墙面的改造成为了居民表现自我的地方；而另外东京银座利用商业街区附近的高架桥桥底作为商业空间的例子也可以成为实施的参考。

5.4 复合化城市网络的意义

博物馆与城市的关系正在日益对博物馆自身以及城市的发展起到重要的影响，很多城市或者地区的形象由于博物馆的建立而最终扬名海外，吸引了成千上万的游客、投资者和各界精英前往，当中的一些鲜活的例子，一直为人所津津乐道。可见，良好的城市空间为博物馆提供了良好的外部环境，而博物馆的辐射作用除了能优化城市公共空间的环境品质以外，还能作为区域文化意象而提升所在地区的文化定位和活跃区域经济的发展。在这个过程中，复合化城市网络起到了关键性的作用。

1）有助于博物馆的数量、可达性以及分布和分类均衡性的提高

复合化城市网络的建构是对公众需求、城市资源及博物馆自身发展的综合反映，由于各方面实际需求的融合，有利于博物馆在有限资源下的新建及持续运营；在建设数量增加，以及有规划地选择适宜建设用地的基础上，博物馆的可达性以及分布均衡性将随之提高；同时由于复合化城市网络对博物馆数量、规模和类型的综合考量，因此在此过程中，以展示内容为划分的博物馆类型的比例均衡性也将相应提高。

2）有助于博物馆与城市公共空间体系的互为优化

城市公共空间的数量和质量是一个城市公共生活状态的体现，面对中国城市公共空间缺乏的问题，复合化城市网络的建立有助于利用博物馆与城市公共空间之间存在的共性，从而通过提高博物馆与城市空间的结合度以及博物馆的公共性和开放性，合理弱化两者在用地上的界限，实现功能上的共享与数量上的互为补充。

同时由于博物馆的存在，其浓厚的文化及艺术气息所带有的强烈的感染力，本身就能提升公众对其周边的自然环境、商业环境、公共环境的好感度；而复合化的城市网络要求博物馆在进行具体设计的同时结合所在公共空间的现状特点作统一构思，对周边一些原本不良的环境和空间进行统一的整治和整合，使之重新加入城市公共空间体系的行列，从而实现城市公共空间品质的提升。

3）有助于提高混合开发模式在博物馆项目中的可实施性

面对城市中心区用地资源紧缺的现实，提高博物馆的可达性不在于盲目地增建，而是在于有效地利用土地。复合化城市网络通过规划原则的建立，提高了混合开发模式在博物馆项目中的可实施性。比如在进行城市规划时，把博物馆与城市的发展结合起来统一部署，并借助规划对公共文化建筑建设的鼓励性政策，为博物馆争取更多建设用地；而在类似城市中心的用地紧张的区域，复合化城市体系还可以把博物馆规划成为附属于这些用地中的建筑的功能体。这种有规划的宏观部署更有利于在有限的资源下提高博物馆的可达性。

4）有助于博物馆教育、服务、娱乐等社会职能的普及面

中国博物馆的城市职能缺失的本质原因之一是缺少宏观体系的引导，复合化城市网络的建立将弥补这方面的不足，因为博物馆在城市中分布结构的合理化是其教育、服务、社区等城市职能得以实现和发展的基础。不仅如此，复合化城市体系还鼓励博物馆以自身鲜明的形象为区域乃至整个城市的活力带来触发与提升的可能，以开放的建筑格局营造活跃的市民活动氛围从而凝聚成区域复兴和发展的推动力量，以及用一种灵活相容、富于选择性的运行模式去完成对周边包括休闲、商业、娱乐及传播等服务功能的复合，促进自身在社会和市场中的竞争力。

第六章　博物馆的复合化功能定位

对于非营利性质的博物馆来说，围绕学术建设进行的专业工作似乎已经是人们脑海中关于博物馆运作的固有观点。但事实上，是学术建设、资金运作和组织管理共同组成了博物馆运营机制中的三大领域，缺一不可。尤其是在社会对博物馆的需求不断扩展的当代，即使是国有博物馆，国家拨款相对于博物馆发展所需资金而言也并不足够，何况还有众多经费自筹的民营博物馆。因此，获得多层次的资金来源及组成实际上有助于博物馆学术建设的进行，本章提出的博物馆的复合化功能定位正是基于社会化运营给博物馆的发展定位和功能设置带来的影响而作出的设计配合和应对。

6.1 复合化功能定位的制定背景

6.1.1 博物馆的社会职能拓展

当代博物馆的社会职能不再只体现在学术的研究及传授上，作为社会公益性事业机构的博物馆在当代城市中担任的角色越来越重要，所承担的社会责任也越来越多。社会对当代博物馆的需求更新已经在文中多次强调，作为博物馆功能定位的切入条件，这些社会需求主要体现在 5 个方面：

1）为观众提供高质量的藏品及展览

这是博物馆的"本职工作"，无论在任何发展时期，博物馆藏品和展览的质量，都是博物馆存在和发展的根本。目前位于世界前列的很多博物馆均改造自古代的宫殿、宗教建筑或者收藏有记载着人类文明的藏品。这些博物馆建筑的本身就承载着悠久的历史，像巴黎卢浮宫、伦敦大英博物馆、纽约大都会博物馆、北京故宫，无论是建筑、空间，还是藏品，都具有极其珍贵的历史和艺术价值。

而在博物馆当代的运营理念中，藏品的数量和质量固然直接决定着博物馆的规模与品质，但一个好的展览，不是好作品的相加。像伦敦泰特现代博物馆、台北故宫博物院、纽约现代美术馆等等，它们在选取展品的同时建立起博物馆的学术观点和文化立场，并通过策展理念让展品广为人知，不但能吸引大量的观众，还能引起社会的反思、讨论及争议，对区域的文化发展起到了推动。

2）为功能拓展进行阶段性内部整合

当代的博物馆是处理社会、学术、消费、娱乐、服务诸方面的复合场所，其中，一系列消费服务功能的强化是复合化趋势下博物馆功能拓展的一大特征。在此趋势下，博物馆往往需要进行空间重组、功能配置、规模扩张等阶段性的内部整合。如大英博物馆的中庭改造，卢浮宫的入口及参观动线的综合调整，还有像蓬皮杜艺术中心、纽约现代美术馆、泰特博物馆等等都经历了馆舍的加建。

3）为相关产业发展发挥文化引导效应

通过博物馆的文化品牌效应，为相关产业的发展凝聚各方力量，整合不同领域、团体、组织之间的合作关系，并在此过程中积累有形与无形的财富。

4）为所在区域功能升级提供服务配套

博物馆的公益性以及消费性服务功能突破传统的服务范围，为博物馆以外的区域提供公共活动场地，策划各种文化活动以及为区域提供一定规模的餐饮、零售、影视观看等消费设施配套。

5）为城市文化和经济发展凝聚各方力量

从毕尔巴鄂古根海姆博物馆开始，像蓬皮杜博物馆、泰特现代美术馆，极尽夸张和独特的建筑形象紧紧地抓住了公众的眼球，尽管外界对它们的争议从未停息，但正是独特的形象，让这些博物馆每年接待来自世界各地超过数百万到访者，而参观人口为周边地区所带来的经济效益更是不言而喻。博物馆作为城市的文化地标推动着城市的文化发展，同时它所创造的间接财富也成为城市经济发展的拉动引擎。

6.1.2　博物馆自身运营的需求

这些年，围绕着知识经济，国际纷纷展开了文化产业的研讨与实践，随着文化产业的兴起，文化事业也有了新内涵、新思维。博物馆属于文化事业单位，同时也是社会的公益性文化机构，然而在世界的文化产业和休闲产业高度发展的今天，随着博物馆资金和藏品的社会化以及博物馆与外界合作交流领域的进一步扩大，具有适度营利性行为的运营模式成为博物馆提高社会化服务能力和自身持续发展力的必然途径。

博物馆的运营主要包括学术建设、维持资金链的持续良好运转，以及内部事务的管理三大部分，尽管存在一定的赢利行为，但却不以营利为目的；博物馆通过营利行为获得的利润并非投资者、组织者或特定受益对象所有，而是重新用于为公众和社会创造和提供物质或精神文化领域的产品和服务。

在此过程中，博物馆虽然不直接对社会产生经济效益，但它的社会特性和功能，尤其是它所创造的文化和艺术的附加值，将有助于提升所在地区的环境以及公共文化生活的品质，并且以此为契机与区域经济构成互动，改变所在地区的商业形态，甚至带动整个城市的发展。自毕尔巴鄂古根海姆博物馆以来，越来越多博物馆的建立都肩负着通过各种文化营销的手段为地方树立文化品牌的责任，并以此实现自身稳定良好的发展。

从早期博物馆入口大厅的某处角落临时围起的贩卖点，发展至今天包括餐厅、咖啡馆、纪念品商店、书店等在内的多元化消费性服务设施（见图2-14），甚至扩张成为颇具规模的博物馆连锁零售行业；从应付发展经费的消极局面，到今天全面成为完善博物馆服务品质所不可或缺的组成部分，博物馆运营中的这些营利环节不但是维持博物馆资金运转的重要来源，它们还是延伸博物馆教育功能的载体和工具，同时成为吸引观众和推广博物馆的直接媒介。表6-1显示了纽约现代美术馆在2006年的运营收入及开支，可以看到其基本的资金运转情况，其中副业经营的投入和收益分别占总开支的30%和总收入的35%，说明副业经营在运营中得到了足够的重视，并获得了与投入相应的收益。

纽约现代美术馆在2006年的运营收入与开支情况 表6-1

运营收入及其他资助			运营开支		
项目	金额（万美元）	占收入比例	项目	金额（万美元）	占开支比例
会员	1374.6	10.3%	成员及发展	959.5	6.6%
门票	2059.4	15.5%	策展	2125.1	14.7%
巡回展览费用	160.2	1.2%	展览	1176.9	8.2%
理事会追加	154.6		行政及其他	578.2	
年度基金捐赠	709.7	19.8%	公共服务	2645.6	
让渡及捐赠	1779.8		公共信息	1576.3	17.7%
政府资助	24.1	0.2%	折旧	372.5	
投资收益	1745.6	13.1%	设备、设施	368.5	18.3%
附属产业收入	4717.5	35.5%	附属产业支出	4398.8	30.5%
其他	575.5	4.3%	其他	233.5	4.0%
总计	13301.0		总计	14434.9	

来源：张子康，罗怡.美术馆 [M].北京：中国青年出版社，2009：131；根据书中相关内容整理

随着观众文化消费需求的不断增长，除了注册和发售博物馆品牌的纪念品，出版音像制品和书刊，为各种商业活动提供场地出租，以及策划商业展览（图6-1）等市场化操作之外，近年来博物馆的"迪士尼化"、"古根海姆化"愈演愈烈。有的博物馆致力于提高自身的休闲娱乐性，他们运用多媒体等高新科技营造极具视觉冲击力或者充满娱乐气氛的展示场景。像韩国煤气公社科学馆位于西海人造岛仁川 LNG 基地内，是为了向公众宣传煤气的特点及自然科学教育而设立的，其中包含的游乐园规划形象与迪士尼乐园颇为相似。❶ 这种博物馆娱乐化的倾向，其是否有偏废知识教育目的的可能，受到很多学术界人士的质疑。在很多专家看来，这种五光十色的博物馆营销背后过分的市场化操作模糊了艺术的本质（图6-2）。

❶ 陆保新.博物馆建筑与博物馆学的关联性研究 [D].北京：清华大学，2003。

图 6-1　拉斯维加斯古根海姆博物馆里的商业展览

来源：刘惠媛 . 博物馆的美学经济 [M]. 北京：生活・读书・新知三联书店，2008

图 6-2　五光十色的博物馆营销

（a）荷兰 RIJKS 当代美术馆商店出售大量的名画印刷品；（b）纽约 MOMA 设计商店产品；（c）格罗宁根博物
馆（Groninger Museum）的书店，（d）Anyala Museum 的咖啡馆

来源：（a）、（b）来自：张子康，罗怡 . 美术馆 [M]. 北京：中国青年出版社，2009；（c）、（d）来自 flickr.com

　　尽管争议的声音此起彼伏，但像一般的非营利机构一样，当代博物馆通过营利行为保障自身的持续运作已经是普遍的客观现象。随着行业分工和相互之间的联系越来越细致和紧密，任何行业在单一封闭的运营模式下都难以具有长久健康的竞争力。行业之间的合作日益加强，这一方面是促使博物馆复合化趋势产生的重要原因，同时也使当代博物馆的运营呈现社会化的趋势，博物馆开始对外寻求更多的合作体。

　　其中最普遍的合作方式是企业赞助博物馆的展览活动，这在目前中国的博物馆也已经很常见。除了赞助特定展览之外，企业还与博物馆建立长期的合作关系，把长线投资中获得的利润作为博物馆运营的资金，同时攒取博物馆品牌为其带来的声誉。而在中国，由房地产业投资建立起来的博物馆，如北京保利集团的艺术博物馆，上海证大集团的喜马拉雅中心项目，广州时代集团的广东美术馆时代分馆，更是以企业的地产作为场地，以利润作为运营资金，以学术活动为企业带来公众和媒体关注的焦点。

除此以外，旅游业、创意产业等以休闲产业为主的相关产业也开始成为博物馆的合作对象。博物馆与相关产业的合作是博物馆社会化运营发展成熟的表现，其品牌效应与相关产业的力量合并所带来的共赢非常值得期待。

6.1.3 博物馆与相关产业的合作共赢

综观人类社会发展的历史，文化既表现在对社会的凝聚作用和经济发展的驱动作用上，也表现在对包括休闲产业在内的相关产业的导向作用、规范和调控作用上。

休闲产业是现代社会发展的产物，它发端于欧美，19 世纪中叶初露端倪，20 世纪70 年代进入快速发展时期。休闲产业是指与人的休闲生活、休闲行为、休闲需求（物质的与精神的）密切相关的产业领域，一般涉及旅游、休闲娱乐、文化、艺术、购物、餐饮、社区服务、影视媒体、新闻出版、体育等以及由此连带的产业群。❶ 时至今日，为休闲而进行的各类生产活动和服务活动正在日益成为经济繁荣的重要因素，特别是在大、中城市中，各类休闲活动已成为经济活动得以运行的基本条件，也成为包括中国在内的许多国家经济发展的重要支柱。

随着文化与休闲产业的兴起，博物馆作为产业的人文关怀标杆，其运营的观念和模式正在发生转变，并日益在这条文化、创意、休闲产业链的运作中起到了引导、调节、优化，以及诱发创意、提升关注度的重要作用。像伦敦大英博物馆、巴黎卢浮宫博物馆、纽约大都会博物馆等等这些位于世界十大著名博物馆之列的美学殿堂，它们以自身的强大魅力，每年为当地吸引了数百万的到访人次，带动了以休闲产业为主的相关产业的发展，因此而为地方创造的经济效益更是难以精确统计。更为重要的是，长期的实践证明，在这条文化休闲的产业链中，博物馆与相关产业合作互动、资源共享、相辅相成，可以达到一种平衡的状态。

案例 6-1：以博物馆为领军的"六本木艺术金三角"文化促进策略

20 世纪 90 年代后期，曾是东京时尚标志的六本木由于日本经济不景气而逐步失去活力。直到 20 世纪初，"六本木艺术金三角"（图 6-3）——国立新美术馆、森美术馆以及三得利美术馆的相继落成，才启动了该地区新一轮的发展。如今，在以三大博物馆为龙头的文化创意产业的带动下，六本木重塑日本艺术潮流地标的形象，在城市中心

---

❶ 肯·罗伯茨（Ken Roberts）. 休闲产业（休闲与游憩管理译丛）[M]. 李昕译. 重庆：重庆大学出版社，2008。

形成集办公、居住、文化、艺术、休闲、娱乐、商业、酒店以及若干公共活动场地为一体的城市商业文化中心。六本木的复兴是日本以文化产业带动和引导消费潮流的战略，而其中博物馆的领军作用不可忽视。

图 6-3　东京六本木艺术金三角示意图

来源：根据六本木新城资料改绘

案例 6-2：通过休闲项目的开发支撑博物馆的运营发展

上文曾提到的位于美国肯塔基州路易斯维尔市的"博物馆广场"（在建项目），其发展定位原意只是建设一座多层的多媒体艺术博物馆，考虑到维护费用和经营效益，最终决定开发一组最高 61 层的包含了办公空间、公寓和住宅、酒店客房，以及一系列零售和娱乐设施在内的城市综合体塔楼，希望通过休闲项目开发带来的经济效益能有效支撑博物馆的运营发展。

案例 6-3：由博物馆带动的综合性艺术街区开发

由于今日美术馆的存在，改变了原来北京今典集团拟将 22 院商街开发成酒吧一条街的定位，而转向国际当代艺术一条街的方向发展。如今的北京百子湾苹果社区一带，建起了一系列的当代艺术展览馆，吸引了许多慕名前来参观的艺术爱好者，既带动了区域经济的发展，同时给所在社区的居民带来了具有艺术文化精神养料的休闲生活。这是博物馆引导企业开发定位的一个典型例子（图 6-4）。

图 6-4　今日美术馆及其广场上的当地艺术雕塑

随着博物馆社会需求的升级，博物馆社会角色的多元化、复合化也带来了博物馆自身运营模式的多元化、复合化；博物馆与相关产业的合作共赢，一方面表明博物馆的社会化运营趋向成熟，另一方面也是当代博物馆发展环境的趋势体现。

6.1.4　当代城市综合体的出现

在今天以经济为导向的全球化进程中，产业分工与产业合作同步发展，产业之间普遍以经济利益为出发点的双方合作、多方合作，甚至形成产业联盟，将越来越成为产业市场和资本市场发展的必然趋势；而产业合作所带来的效益又将重新成为新一轮合作的驱动力。在这个合作共赢的循环中，各产业之间的联系日益紧密，当这种联系需要在空间上体现的时候，多种功能混合开发的城市综合体出现了。

可以说，产业合作的趋势是当代城市综合体出现的重要推动因素。但事实上，综合体的概念并不是现代社会的发明。比如博物馆的原初就是研究机构、图书馆和学院的联合体。❶ 世界上第一所博物馆"亚历山大博物院"就是其中的典型例子；而像大英博物馆在同一幢建筑中同时存在大型图书馆和博物馆的例子在历史上也有很多；还有位于西班牙马德里的普拉多博物馆主体建筑，除了有丰富的自然类标本收藏以外，还设有化学实验室、天文观察站、图书馆和艺术学院，并能够召开各种会议。

随着当代城市的发展，产生了集合商业、办公、商住、展览、餐饮、会议、文化、娱乐以及交通等一系列城市生活服务功能的城市综合体。城市中的大型购物广场，如纽约的洛克菲勒中心、柏林的索尼中心、墨尔本的联邦广场、东京的六本木新城、宁波的天一广场等等，都是典型的以城市广场组织空间和功能布局的商业综合体（图6-5）。

---

❶　曹意强主编 . 美术博物馆学导论 [M]. 杭州：中国美术学院出版社，2008：3。

图 6-5 以广场组织的城市商业综合体

（a）柏林索尼中心；（b）纽约洛克菲勒中心；（c）墨尔本联邦广场；（d）东京六本木新城

来源：baike baidu.com

当代的城市综合体与历史上的综合体建筑主要存在两大区别：

（1）在运营上，当代的综合体多数以经济为主导，以赢利为目的；即使是以文化艺术为主导的综合体开发也出于对其运营效益的考虑而增加一定的商业功能。

（2）在形式上，当代的综合体既包括单栋的多功能综合建筑，也包括多功能的综合建筑群，乃至成片的城市综合街区。

6.2 复合化功能定位的基本模式

"从整体趋势上来看，结合所在城市的休闲特点，推行资源整合性的营销企划与开发，尝试多层次的相关活动策划，是全球博物馆的共同走向。"❶ 博物馆从过去的只注重学术建设到如今的开始尝试通过与各种产业的合作以务求保持资金链条运作的流畅，这个过程中除了运营理念、运作模式和管理方式等发生改变以外，博物馆设计层面中的功

---

❶ 张子康，罗怡. 美术馆 [M]. 北京：中国青年出版社，2009：184.

能构成、流线安排、空间形式、设备设置等都会随之而作出调整。博物馆的复合化功能定位就是希望通过设计层面的发展定位及功能设置，"把外部的需求和愿望与组织的意图、资源和目标规划达到协调一致"❶的一种设计策略，它将有利于维持和提升社会化运营背景下的当代博物馆的整体品质。

不同的博物馆，根据发展条件、外界需求以及自身定位的不同，可以呈现不同的发展战略，运用不同的运营模式。因此，博物馆的功能设置与这些多层次运营的复合化定位可以有很多种可能性，本书选择了3种具有典型性、时效性以及研究价值的基本模式进行展开性的研究，它们分别是：博物馆对内部附属产业功能的完善提升，博物馆作为附属功能对相关产业进行配套，博物馆作为主导力量对相关产业发展进行推动。

6.2.1 模式一：博物馆服务功能的产业化

20世纪70~80年代的全球经济衰退成了消费性服务功能进驻博物馆的契机，从那时开始，这些以博物馆的餐厅、咖啡馆、纪念品商店、书店为主要表现形式的消费性服务功能渐渐呈现产业化。如今，博物馆附属功能的产业化的运作已经非常普遍，因为无论是国有博物馆还是民营博物馆，除了不断完善传统的公益性服务以外，适度引入以提供消费性服务为主的附属产业是当代博物馆生存和发展的必然选择，而随之带来的博物馆服务性能的提高更有利于满足公众对博物馆需求的更新。纽约现代美术馆在2006年的商店销售业绩相当于2亿多元人民币，超过了其全年总收入的⅓，这个业绩击败了多个假日休闲点❷。

对此有专家学者预测：博物馆零售产业将作为世界经济中的一个独特面；他们同时认为，在参观与消费并重的后博物馆体验时代，只要控制好附属产业利润的分配和使用途径，坚持向公众开放，展出有学术、教育、研究价值的展品，并提供一定的公益性服务，这样存在营利行为的博物馆仍然可以得到社会的认可。

因此，在博物馆设计中，要结合功能、流线、空间等对博物馆运作附属产业的可能性进行综合考虑。尤其是在发展定位和功能布局上，应该充分重视附属产业——也就是博物馆为公众消费性服务的区域——开放性、可达性、舒适性，以及要对其日后的规模扩充给予足够的预留发展空间。

以博物馆中的商业功能为例。

博物馆中的商业功能是指在博物馆里作为附属产业所进行的商业经营，常见的博物馆商业功能有商店、书店、咖啡馆、餐厅等，它们实际上是博物馆附属产业的主体。

---

❶ 科特勒·菲利普(Kotler Philip)，科特勒·安德里亚森(Kotler Andreasen). 非营利组织战略营销[M]. 孟延春 译. 北京：中国人民大学出版社，2003。

❷ 张子康，罗怡. 美术馆[M]. 北京：中国青年出版社，2009：169。

观念的转变带来模式的转变，从早期博物馆门厅的临时销售柜台，发展到今天多元化经营的博物馆专业机构的一部分，甚至扩张成为颇具规模的博物馆零售行业（图6-6）。博物馆中的商业功能是维持博物馆运转资金的重要来源，是增强博物馆社会化运营能力的重要机制，是延伸博物馆教育、服务功能的重要载体和工具，是宣传博物馆及其艺术资讯的媒介，同时还是实现博物馆与城市深度结合的重要渠道。

　　国外很多著名的博物馆都通过设计手段进一步完善和提升其附属产业的服务功能。

图6-6　纽约现代美术馆的设计商店与咖啡店

来源：张子康，罗怡.美术馆[M].北京：中国青年出版社，2009：173

　　在流线设置上，让公众参观完以后顺路就能步入商店，在分类细致的展柜中或者靠在座位上随意翻阅，如此寓教于乐的环境，即使没有消费也可以通过商品本身或者销售人员的介绍丰富自己的参观体验，甚至增长见闻。事实上，博物馆的纪念品商店一直是最受人们喜爱的设施之一，因为纪念品不仅能带给人美的回忆，也能提供美的教育，让人们在无形中把参观后所领会的知识以一种毫无负担的方式放置在脑海里。

在平面布局上，很多博物馆商店、餐厅都在首层沿街而设，并有面向城市开放的独立出入口，这样观众不必先购买门票就能进入，因此反倒吸引了一些专门前往消费的客人；另外还有把休息区以及这些商业功能开设在环境优美的中庭或庭院里，比如苏州博物馆庭院中的简单餐饮区，还有纽约现代美术馆中庭旁的艺术书店（图6-7）。

（a）　　　　　　　　　（b）　　　　　　　　　（c）

图6-7　博物馆商业功能的布局

（a）独立的出入口；（b）便利的可达性；（c）所处环境具有可看性

来源：（a）、（c）来自 flickr.com

在预留发展上，除了在博物馆范围以内预留足够的弹性使用空间以外，还可能要应对博物馆商业功能的外向扩展。国外一些大型的博物馆的商业还以连锁的方式经营，比如纽约现代美术馆的艺术品商店是与美术馆相邻的独栋大楼，除了在曼哈顿设有3家规模相当的独立店，在日本、澳大利亚等多个国家也有分布。随着公众对博物馆的艺术复制品、衍生品的购买和拥有，他们对博物馆的文化认知也进一步加强。

综观博物馆商业功能的成功案例，基于设计角度的关键点是：足够的商业面积，便利可达的空间布局，人性化的商品陈列布局，与博物馆相协调的空间风格，以及高品质的商品和消费服务。

6.2.2　模式二：博物馆作为相关产业设施的功能配套

博物馆与相关产业合作的其中一种形式是博物馆作为附属功能对相关产业进行功能配套。主要体现博物馆作为产业的文化品牌为产业提供展示功能的配套，从而推广产业的社会知名度，同时也起到为产业以及其所在区域提供公共服务功能配套的作用。

案例6-4：附属于商业设施中的展示空间

商业环境中的文化推广功能是博物馆复合化功能定位的最为普遍的模式，也是企业博物馆的主要发展趋势。商业环境中的博物馆普遍以附属功能的形式存在，如日本的伊势丹、三越、西武、高岛屋，以及中国的保利集团、上海证大集团等著名企业都将美术馆设在企业开发的商业设施里，拉斯维加斯的古根海姆博物馆也被建造在威尼斯人酒店中（图6-8）。这种博物馆与企业经营、商业环境的并置，一方面可让文化作品得以从更多渠道地展现，为更多的人所欣赏和了解，从而使艺术文化活动更大化地普及；另一方面，精彩的展览常常吸引大批的观众前往，无形中，企业建立起良好的品位和形象，商业也因此而得到了可观的收益。

图6-8　威尼斯酒店中的拉斯维加斯古根海姆博物馆

来源：hudong.com

与一般的博物馆相比，商业环境中的博物馆具有更为精简的功能与空间设置，并且会以一种更为灵活的展览机制以应对商业建筑的各种变化可能。在具体的设计方面，这类博物馆应该注意博物馆入口的文化标志性，多重流线的分流及独立设置，商业气息的适度控制，以及博物馆的消费性服务空间与商业环境中的相关功能合并的可行性。

在某种程度上，这是一种对有限资源高效利用的模式。对于拥有超高密度的大城市来说，作为功能植入商业环境的博物馆模式将十分有利于博物馆传播效率的提高以及自身的持续发展。基于另一个角度，博物馆与商业环境的复合，是在商业环境中为公众开辟一个展现文化艺术的窗口，让专门前往博物馆的观众在参观之后能在商业空间延续休闲的心情，也让专门前往购物的公众在消费之余能步入博物馆参观。

案例 6-5："博物馆 + 体验中心"的制造产业文化展示

这里所指的制造主要是产品制造。产品制造是指为产品销售而进行的机械与设备的组装与安装的活动，例如汽车制造、食品加工制造、纺织服装制造、家具制造、工艺品制造业、废弃资源和废旧材料回收加工业等等。❶

在过去，人们提到制造业就会想起廉价的制造工人，运转的流水线，弥漫了烟雾和噪声的生产车间……这些场景与文化完全不沾边。但是随着经济、科技以及制造工业自身的进步，很多产品从设计、制造到销售的全过程渐渐形成一种制造的文化。为了获得更高的销售业绩和更大的发展空间，产品制造业也开始在公众和社会中进行制造文化的展示和推广。

率先采用这种模式的是汽车制造业。汽车作为生活的必需品，展示的实用性对于公众的吸引力是两者复合的重要前提；而同时，汽车作为生活的奢侈品，其包含设计、生产的制造过程中所体现的艺术价值更让两者的复合变得更加充满意义。汽车制造业常用的展示模式是：博物馆＋体验中心。

博物馆＋体验中心的模式适合有销售需求的制造业用以作为成果或商品展示的场所，一般分属两座不同的建筑，其一是以展示制造业发展历史的常规博物馆，其二则是以制造产品的销售为主的体验中心。斯图加特的奔驰博物馆、保时捷博物馆和慕尼黑的宝马博物馆，均是这种复合模式的典型实例（图 6-9）。

图 6-9　奔驰博物馆＋体验中心

来源：联合网络工作室.新梅塞德斯奔驰博物馆 [J].世界建筑，2006（09）；根据文中的图片改绘

---

❶　资料来自百度百科。

博物馆与产品制造业的复合成为近几年的新趋势。一方面博物馆对于公众和媒体的强大吸引力正是制造业所需；而另一方面，制造业文化带来的全新的展示方式与博物馆一向作为创意先锋的角色一拍即合。尽管两者的复合是以企业的经济利润为出发点，但是博物馆的存在确实是为城市提供了公共活动空间，并且丰富了公众的知识构成。

在形式关系上，由于功能要求的差距或者出自不同设计师的手笔，博物馆与其体验中心在空间的逻辑和形式设计上往往体现出两种不同的个性——博物馆具有强烈的艺术创意，而体验中心则显示出浓厚的商业色彩，两者在形式关系上缺乏互动，以上 3 个汽车博物馆都存在这个问题。尽管是不一样的功能设置和运营性质，博物馆与其体验中心作为一个整体，应该在艺术与商业各自的个性中寻找共性的平衡，比如可以体现在入口空间的呼应，立面形式的重复，细部构造以及材料的一致等方面。

在流线关系上，应该把内部连接与城市空间同步考虑。奔驰博物馆与其体验中心通过两者之间的平台形成一个整体。平台覆盖的是纪念品商店，这里同时是观众从历史展示通向汽车销售体验中心的过渡空间。这种流线的设置对内完成了文化与商业空间的自然过渡，对外通过平台的限定还为公众提供了一个不受车行干扰的公共活动地带（图6-10）。这个城市公共平台的存在为公众直接进入博物馆的门厅、咖啡厅和体验中心带来了方便，同时也有助于为城市营造活跃的氛围。

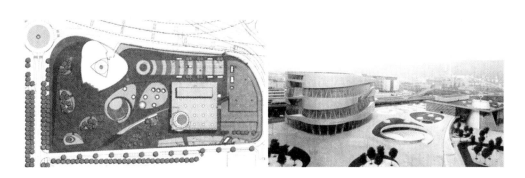

图 6-10　奔驰博物馆的城市活动平台

来源：联合网络工作室．新梅塞德斯奔驰博物馆 [J] 世界建筑，2006（09）

在功能关系上，博物馆与体验中心的复合还应该体现出两者的功能共享。比如体验中心里为配合汽车销售而设置的产品展示、办公、会议、洽谈、餐饮以及纪念品销售等功能可以考虑与博物馆的同类功能共用，在有利于节约建设资源的同时也让两者在功能与空间上的联系更为紧密。宝马博物馆的体验中心就是一个各种功能聚集的混合大空间，产品展示、办公、会议、洽谈、餐饮、纪念品销售等功能在不同标高的平台上各得其所，而平台之间又能实现视线与交通的交流与连接，公众在其中得到的是一种丰富而自由的产品体验（图6-11）。事实上，这是一种适应当代展示趋势的展示方式，制造文化与产品推广在同一个空间里实现了共赢。这种展示与销售空间的合二为一，将成为今后制造业博物馆的一种设计趋势。

图 6-11　宝马博物馆的体验中心

来源：*左图来自 hudong.com*

目前的博物馆与制造业的复合基本上都是以企业的文化推广或者产品销售为出发点，带有明显的商业目的，因此所展示的内容多为时尚的生活消费品的发展历史及生产过程，这也解释了汽车制造业成为首当其冲的试验者的原因。

实际上制造业的内涵多种多样，其中不乏关于生态环保、能源加工、科学仪器制造等富有趣味和教育意义的领域。例如上文提到的废弃资源和废旧材料回收加工业，通过开放其制造车间作为展示场所有利于公众环保意识的提高。博物馆具有社会教育机构的特性，在其与制造业的复合中也应该有同样的体现。

案例 6-6：创意产业园中的公共设施配套

当今世界某些城市能适应改变，并呈现出勃勃生机，除了它们有效地利用了经济与科技的发展以外，是文化的独特性发挥了功效，而经由创意加以塑造则能令城市充满吸引力，也赋予了城市解决问题的新思维。北京 798 艺术区的成功复兴，不仅让一片功能退化的城市废置地重获新生，还让北京被美国《时代》周刊评为全球最有文化标志性的 22 个城市艺术中心之一，❶ 再一次印证了文化创意对于一个城市的巨大的推广作用，同时也体现了创意产业的概念在全世界城市中的兴起。

英国创意产业特别工作小组（UK Creative Industry Force Group）把"创意产业"界定为"源于个人创意、技巧及才华，通过知识产权的开发和运用，具有创造财富和就

---

❶　张子康，罗怡. 美术馆 [M]. 北京：中国青年出版社，2009:200。

业潜力的行业"❶。文化要素在其中扮演着重要的角色,因此也往往被称为"文化创意产业"。文化创意产业多数以一些被城市遗忘和废弃的角落,如废弃工业基地、老街区等作为创意开发的根据地,这是一种修复城市碎片空间的手段,让公众获得了更多的公共活动空间,让城市环境获得了整合与优化,是其承担社会责任的一种表现。然而,由于普遍以经济利润为主导,关注自身产业经营,忽略公共配套设施的建设,创意园里的公共性、社会性、服务性难以充分体现,这是许多中国的创意产业园共有的问题。

博物馆作为创意产业中的文化先锋,其在文化创意产业园中的功能定位是通过以博物馆作为品牌效益以及公共设施的支持,让文化产业在创意园区进行创意开发的时候,能融入博物馆的各种特性,尤其是公益性、社会性和服务性。其主要的体现是:博物馆为创意产业园提供空间引导、公共空间和便民服务。

创意产业园一般都会维持场地原来的布局,因此往往缺乏先行的总体规划,显得随意松散,从而导致参观流线紊乱。而不同主题的博物馆在园区内的分散有序的布置,一方面有助于园区功能区域的划分,从而建立起园区的空间引导性,并以此规划出可供选择的参观流线;另一方面,博物馆的存在往往会组织其周边的用地形成一系列供游客学习、交流、活动、休息、互相激发创意灵感的活动空间,解决创意产业园区普遍缺乏集中式公共活动地带的问题。还有,园区中除了营利的餐饮业,往往没有额外的便利店、休息座椅,就连公共洗手间也为数不多,而博物馆的存在能在数量和品质上作为园区便民服务设施的补充。

博物馆作为创意园区的公共设施配套要充分利用园区的可用资源,同时这也是优化园区环境过程。

比如对环境的利用:创意产业园区中的空间碎片,像围墙后的死角,房子与房子之间的消极空间,过街楼下的昏暗通道,路边废置的花坛等等,这些碎片空间应该被系统地利用起来变成积极的公共活动地带。

比如对废置物的利用:施工废料、树头、大石块、货车轮胎等的废置物在创意产业园区里随处可见,经过艺术家的创意修饰后变成艺术雕塑或者装置被摆放于室外的空地成为参观者的休息座位、道路指示牌结合、咨询处,甚至成为公共卫生间……

比如对艺术工作坊的利用:创意园区的不断发展吸引了越来越多艺术工作坊的进驻,这些工作坊主要以作品的制作、展示为主,有的还包括餐饮、作品销售、社交派对、业务接待等,功能设置与一个小型的博物馆相仿,在一定程度上能发挥类似博物馆的作为公共空间或设施的作用。广州红砖厂创意园中的大石博物馆,其主体展示空间在设计时就兼顾了对新品发布会等一系列社会活动的考虑。

---

❶ 引自 1998 年英国的《创意产业专题报告》(Creative Industries Mapping Document 1998)。

6.2.3 模式三：博物馆进驻当代的城市综合体

越来越多城市综合体的涌现标志着"休闲消费时代"的到来，文化与商业的合作共赢也达到了一种前所未有的程度。在今天，文化艺术已经成为一种新元素去刺激商业效益的提升，繁华兴旺的商业中心往往就是引领文化艺术潮流的地区。在此发展环境之下，博物馆对于文化产业与商业合作的促进作用将受到重视；同时，博物馆进驻城市综合体也将成为未来博物馆主要的发展模式之一。

1）博物馆进驻以商业为主导的城市商业综合体

以商业为主导的城市商业综合体常见于城市的购物中心、商业街区，普遍的形式是在商业建筑单体或者商业建筑群落中，以购物为主要经营模式，集办公、公寓、酒店和购物为一体，配套了电影院、餐厅、酒吧、游乐场、健身中心等一系列消费娱乐功能，并在其中设置一定的文化教育设施，为消费者提供"一站式"服务。

博物馆进驻城市商业综合体，一方面是用地混合开发的结果，另一方面也是对当代追求多元、复合、便利、富于选择的城市生活的回应；同时，博物馆在城市商业综合体中所发挥的凝聚力和提升力，也是该模式的开发目的所在。像墨尔本的联邦广场、柏林的索尼中心、上海的喜马拉雅中心，就是有博物馆及其相关文化艺术设施进驻的集办公楼、零售中心、餐厅、娱乐于一体的城市商业综合体；而博物馆的存在及品牌作用更是让这些以营利为目的的商业中心一直为公众所津津乐道的重要原因。

案例 6-7：墨尔本联邦广场

墨尔本联邦广场是由联邦政府和州政府共同投资建造的市民广场，2003 年建成投入使用，是墨尔本最精密、最庞大的建设项目之一。联邦广场位于城市中央商业地区，融合了文化、艺术、娱乐、休闲、购物、观光等各种功能，包含了维多利亚国家美术馆新馆、澳洲电影馆、SBS 媒体大厦，各种大小的工作室和画廊，以及众多餐厅、咖啡馆和商铺，其室外还通过建筑围合出一个容纳 35000 人的露天剧场（图 6-12）❶。其中国家美术馆中分别展示了多个包含澳洲近现代美术史、土著艺术、现代艺术等在内的相对独立的主题。文化及商业服务功能完备的联邦广场成为当地旅游观光的新亮点（图 6-13）。

---

❶ 赵之枫. 城市边缘活力的再生 [J]. 新建筑,2008(05):86。

图 6-12　联邦广场总平面布局

来源：baike.baidu.com

图 6-13　联邦广场成为墨尔本新的城市公共空间

来源：baike.baidu.com

案例 6-8：上海喜马拉雅中心

　　喜马拉雅中心是由上海证大集团投资打造的当代中国文化创意产业的综合商业地产项目，核心定位为中国文化主题酒店，由五星级酒店和精品酒店、当代艺术馆、多功能演艺厅、商业中心、创意办公室五大业态组成。建筑整体造型中简洁明快的立方体塔楼是酒店和创意工作室，裙房部分包含了当代艺术馆和各种演艺娱乐设施，中央雕塑般不规则的有机形体则是开放的城市文化广场（图 6-14）。喜马拉雅中心的开发，是希望通过商业、文化、创意三者力量的聚集，共同营造当代中国城市生活的全新布局，树立文化创意产业的全新发展指标。

图 6-14 证大喜马拉雅中心方案图

来源：hudong.com

2）博物馆进驻以文化艺术为主导的城市文化综合体

以文化艺术为主导的城市文化综合体以建设公益性的文化资讯展示、公共活动、社区服务为开发目的，多数以展示中心、艺术文化中心、市民活动中心等形式出现，主要为公众提供展示、阅读、资料查阅、视听、媒体网络等综合项目；出于自身可持续发展的考虑，往往配套以餐饮、购物等商业功能。

案例 6-9：巴黎蓬皮杜艺术文化中心

建成于 1977 年的巴黎蓬皮杜艺术文化中心主要由 4 大部分组成：国家现代艺术馆、公共参考图书馆、工业及艺术设计中心、音乐及声学研究中心，另外还配套了为观众服务的酒吧、咖啡馆、餐馆、售书报处、儿童图书馆、儿童工作室和行政办公用房。人们在这里吸收知识、欣赏艺术、丰富生活。现在，蓬皮杜艺术文化中心的参观人数远远超过了埃菲尔铁塔，居法国首位（图 6-15）。

图 6-15 巴黎蓬皮杜艺术中心

来源：hudong.com

案例 6-10：中国国家美术馆新馆（OMA 设计竞标方案）

中国国家美术馆新馆拟建于北京规划中的新博物馆区，毗邻国家奥林匹克公园，与国家会议中心隔水相望。在原规划中，美术馆新馆位于用地西侧，而东侧相邻的独立地块将用于商业及文化功能的建筑。

OMA 设计组的竞标方案出于对多样性和整体性的考虑，建议把东西两侧独立地块的功能通过一个城市平台统一起来，形成一个以美术馆为主导，集不同门派的艺术展示、艺术进修教育及研究于一身，同时拥有艺术拍卖场所、艺术品市场、艺术工作室、艺术画廊等多元化商业空间的城市文化综合体（图 6-16）。

图 6-16　通过城市平台把原规划中的商业服务功能统一到美术馆里

来源：OMA 方案的多媒体介绍

在该竞标方案中，OMA 力求通过在功能设置以及形式表现上的多样复杂，为文化和艺术在当代北京众多城市新地标中，找到适合自身存在和发展的空间，从而也为公众带来截然不同的体验（图 6-17）。❶

---

❶　引自 OMA 的中国国家美术馆新馆设计竞赛方案的多媒体介绍。

图 6-17　美术馆中的多种体验

（a）艺术工作室；（b）展示空间；（c）拍卖中心；（d）图书资料中心；（e）总体效果图

来源：OMA 方案的多媒体介绍

博物馆进驻城市综合体的开发模式，对于博物馆，对于城市综合体来说都是一种新的概念和模式，也将成为未来区域文化及商业合作运营的重要发展趋势。在设计层面上，会涉及项目定位、功能策划、空间模式等方面的调整与更新，相关的设计理论和方法的研究应该在实践的发展中不断跟进和完善。由于博物馆不能直接产生利润，以博物馆进驻城市综合体——尤其是以商业为主导的城市商业综合体——其开发与建设需要开发商、政府和博物馆之间非常有成效的合作。

对于开发商来说，尽管这种运营模式承担了较高的经济风险，但由于借助博物馆的文化气质可以塑造独特而强烈的企业形象，同时以博物馆树立的文化品牌能够吸引潜在的顾客群，因此从长远和整体来看，这类合作项目仍能获得较高的经济收益。

对于政府来说，博物馆参与商业项目的开发，可以为市民提供多样化的城市生活，完善区域文化设施，强化公共文化事业的发展，并通过博物馆作为价值导向让商业项目提供一定的公益性服务。

对于博物馆来说，博物馆进驻城市综合体，首先其公共性、社会性、服务性等固有特性应该得到完整保留；此外，参观人流与商业人流的分流，文化展示与商业展示在空间及形式上的互动等相关设计研究有待进行。总之，如何实现商业营销与文化推广的双赢，是博物馆进驻城市综合体的首要任务。

6.3　复合化功能定位的设计应对

6.3.1　商业环境中的人文氛围营造

引入博物馆的城市综合体一般具有较大的建设规模，通常以建筑群组的形式出现，并且开发商和政府在项目策划时往往给予综合体以区域公共活动中心的定位，因此，城市综合体首先需要为公众提供相当规模的活动空间。而博物馆作为该城市公共空间的文化品牌，它的进驻需要提高整个区域的文化定位；因此在对进驻城市综合体的博物馆进行设计时，不仅着眼于博物馆本身的文化气质的营造，还要结合博物馆所在的整个商业环境的设计，从整体上增添该公共空间的人文气息和艺术气息。

案例 6-11：城市商业综合街区的文化规划

东京六本木新城的规划很好的将商业环境、公共空间与艺术设计三者结合起来，基于博物馆等文化设施的设计，将街道、广场、庭园等公共空间塑造得充满艺术化与人性化，为城市综合体注入了"艺术之城"的新内涵。在公共空间的景观设计上，着重突出"城市中心文化"与"垂直庭院城市"的理念，世界知名艺术家们创作的公众艺术作品随处可见，仅仅是路边的座椅，就汇集了伊东丰雄、日比野克彦、宫岛达男、内田繁、吉冈德仁等多位大师的作品（图 6-18）。

图 6-18　六本木新城的街头艺术

来源：崔成 . 东京六本木新兴商业区公共艺术 [J]. 装饰艺术设计月刊，2007（01）。

除了带动区域整体的人文环境的营造，博物馆作为输出美、理念、价值、知识、文明等形而上的载体，还需要对所在商业环境中的销售空间产生文化感染——使之呈现出"商业空间的博物馆化"。所谓商业空间的博物馆化是指商品销售的空间形式像博物馆一样引人入胜，空间里的商品布置像博物馆的藏品展示一样别出心裁。尽管其出发点是为了吸引更多的顾客，获得更多的利润，但其实际效果是为公众带来更好的消费环境，更有文化品质的消费体验，以及更多的便民设施。商业空间博物馆化在现阶段仍然是一种理想化的展望，但事实上如今越来越多的商业空间为了让消费者更能融入情景，其空间的情景、布局、氛围均致力于为消费者创造类似于进入博物馆中所感受到的体验。

案例 6-12：时尚商店的文化演绎

东京的表参道全长约 1km，这个享有"东方的香榭丽舍大道"美称的时尚街区，两旁是直挺而美丽的榉木，配套有精致的咖啡馆、餐厅，以及主题各异的大小博物馆、展览室、艺术工作室，而其中鳞次栉比的高级名牌和最流行的时装店更是大部分出自众多著名设计师之手——充满视觉冲击力的建筑，能引起思考的展示空间，迷离的灯光，奢华的商品——它们像博物馆一样诠释着属于表参道的时尚与浪漫。很多对于艺术和时尚敏感的人都喜欢汇聚在这里，发现自我，激发灵感，追求新的生活方式（图6-19）。

图 6-19　东京表参道犹如广义的"建筑博物馆"

来源：右下角图片来自 cn.japan-guide.com

案例 6-13：酒店大堂的艺术展现

北京瑜舍酒店的大堂被布置成一个艺术展厅：富有设计感的高大展柜被用作展示区和接待区的空间划分；采光中庭的中央是高约 450cm 的展台，展台上、中庭上空、接待厅、餐厅包括电梯厅分别精心摆放和悬挂了多件当代艺术作品（图 6-20）。酒店大堂完全向公众开放，很多慕名前往的人在参观和拍照，这里俨然一个广义的博物馆。

图 6-20 北京瑜舍酒店大堂的艺术展现

来源：左图、右图由张莉兰提供

案例 6-14：旧建筑再开发的历史重现

上海 1933 老场坊原本是一个牲畜屠宰场，这座曾因设计震惊世界的老场坊在经历了 30 年的闲置后在 2007 年被重新开发。经过修复，建筑中被完好保留下来的伞形柱以及由错落盘旋的廊道所构成的独特空间，吸引了很多文化、艺术、设计的工作者前往参观，这里仿佛成为一个结合了古典英式建筑特质和古罗马巴西利卡式元素的博物馆（图 6-21）。随着慕名参观人数的增多，老场坊逐渐成为商业时尚派对、话剧演出、画展、餐饮、品牌店等所青睐的"时尚创意新地标"。

图 6-21 上海 1933 老场坊的艺术化再开发

6.3.2 "商·展"流线体系的高效组织

城市综合体的文化布局是提升文化与商业合作效应的关键，处于其中的博物馆既要有相对独立的流线组织，又要考虑该流线组织面向城市，以及与综合体里其他功能的开放和联系的方式。其中相对独立的交通系统对于分流购物流线、参观流线以及藏品运输流线尤为重要；不仅是商业空间，博物馆的专用入口、扶梯、电梯也必不可少，同时基于对两者到访人流的考虑，也应该在不形成干扰的情况下通过适当的交通联系，增加相互之间的可达性。

案例 6-15：相对独立与相互联系

六本木新城的森美术馆位于森大厦的53层，博物馆在广场上设有标识性明确的独立主入口（图6-22），而另一个次入口则与周边的商业设施共享同一个休闲平台；独立的核心筒把观众运送至位于53层的展厅之后，观众可以从博物馆的门厅通往大厦中另一个开放的城市公共设施——城市展望台，在那里可以眺望东京，可以在纪念品销售商店挑选礼品，还可以临窗而坐，边喝咖啡边欣赏城市景色。

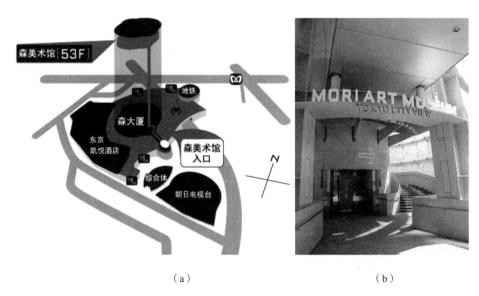

（a）　　　　　　　　　　　　　　　　（b）

图 6-22　森美术馆的独立入口

来源：（a）根据森美术馆官方网站资料改绘；（b）森美术馆官方网站

案例 6-16：面向城市开放的"交通要塞"

墨尔本联邦广场的文化展览中心建筑群组形成"十"字形架空开放空间，成为综合建筑群体的"交通要塞"：广场中不同功能的建筑从四方八面在首层与这个开放空间相连通，而上部则各有功能分区，实现了动静的上下分区；公众可以从这里穿越并到达城市的街道，综合体的公共广场，滨海的室外平台，各种餐饮设施以及分散在其周边的文化书店、创意商店，还有用于商业展示的小型展厅等（图6-23）。

往城市

往城市

往广场

往河边

图 6-23　联邦广场的十字形开放联系空间

6.3.3　商业空间与文化空间的通用共享

基于对文化展览、商业展览等更多元化的展览性质的适应，城市综合体里的博物馆空间有别于传统博物馆的标准，空间的可变性和通用性需要进一步得到强调。比如有时候可能需要在展示艺术的文化空间与展示画廊的商业空间之间不断切换；因此，在设计空间的尺度、形状、围合形式、采光设计、氛围营造中均应该立足整体和长远的设计概念，以适应商业综合体多变的功能，以及这类型建筑中的博物馆经常更新展示内容与展示方式的需要，并且要为公众带来丰富的选择和便捷的服务。通用、可变是城市综合体中的博物馆在条件变化的情况下得以维持正常运营的空间模式。以下是一些实际运营中的实践参考，对于空间通用性的展开论述请详见本书的 7.2 节。

案例 6-17：对纽约 PRADA 销售空间的借鉴

纽约的 PRADA 旗舰店中设置了一个下沉的区域，其中一半设有台阶主要用于日常的商品摆设兼作顾客休息区，另一半弧面在举行新品发布会的时候可以缓缓向外打开形成伸展舞台，而这时对面的下沉台阶则成了观众的席位（图 6-24）。

PRADA 旗舰店是一个纯商业销售的空间，但其由于建筑构件的变化引起的空间功能变化，仍然能被商业环境里的文化空间作为参考例子。比如可以通过建筑高差、可开合的软隔断等变化的空间限定方法来划分或切换"商展"和"文展"空间；或者在设计的时候适度扩大公共空间的面积，为空间使用的变化预留可能性。

图 6-24 纽约 PRADA 旗舰店室内

来源：flickr.com

案例 6-18：通过时间分流实现空间切换

在本书的 2.2.2 节中提到，城市发展的集约化模式除了空间上的集约之外，还包括时间上的集约。因此，时间分流也是博物馆实现空间通用的手法之一。比如中庭或庭院在白天用于博物馆观众的停留、休闲，在晚上则变成各种"城市沙龙"，避免了空间复合带来的流线干扰。像英国的自然历史博物馆（图 6-25）和新西兰的国家博物馆，就是把博物馆的中央大厅用作晚上举办宴会、酒会、婚礼、时装发布会等商业活动的社交娱乐场所。

图 6-25 英国自然历史博物馆的中央大厅晚间可出租作为社交场所

来源：糖糖，自然历史博物馆——古老与演变，震撼与冲击．糖糖的博客 http://blog.sina.com.cn/77iiaann

6.3.4　博物馆对区域发展的引导和带动

博物馆与相关产业的合作在越来越多的实践中被证实了对产业的推动作用，以及对城市的社会和经济发展的驱动作用。因此，在博物馆的设计中需要对这方面的功能定位作出充分的配合。首先要完善自身的功能配套，并通过设计提高博物馆形象及学术的感染力，然后以此为诱因，令周边逐渐形成成熟的文化商业圈，并结合博物馆城市网络的建构过程把地方文化的魅力特色渐渐辐射到整个城市。

在世界范围内，旅游业每年创造 30000 亿美元的产值，它可能已经成为世界最大的产业之一。而文化和地域特色是一个城市是否有国际影响力，是否能吸引观光客的重要条件。博物馆既是人类文明与社会开发程度的指标，也是地域文化的精华浓缩，是区域旅游观光产业强大的磁场（表 6-2）。

毕尔巴鄂古根海姆博物馆对旅游的提升　　　　　　　　　表6-2

游客来自	修建之前月均游客人数 （1994.1 ~ 1997.9）	修建之前月均游客人数 （1997.10 ~ 1998.8）	增长　（%）
国内	62705	75552	20.4
国外	22175	31720	43.0
总计	83898	107272	27.8

来源：转引自：黄鹤. 文化规划——基于文化资源的城市整体发展策略 [M]. 北京：中国建筑工业出版社，2010：55。

案例 6-19：以博物馆促进地方旅游市场的完善

为了庆祝千禧年，伦敦南部以摩天轮、"伦敦眼"、千禧桥、泰特现代艺术博物馆作为重要建设项目，希望以此吸引更多的世界各地的观光游客，从而繁荣整个国家的经济发展（图 6-26）。如今英国每年的观光客中赴博物馆参观的约 1 亿人 ❶，显示出博物馆在旅游观光市场上的重要性。除了为地区带来庞大的国内外观光人潮之外，世界上的著名博物馆由于参观人口为周边地区所带来的经济效益自是不言而喻。

拥有深厚工业基础的格拉斯哥希望以文化为主导的城市更新政策解决由于工业衰退所带来的各种社会问题，其中一项突出的举措是通过文化活动的举办促进城市旅游。1983 年，旗舰项目伯勒尔美术馆（Burrell Collection）的开张很快让格拉斯哥成了苏格兰最富吸引力的文化旅游地之一，以此为带动，皇家音乐厅、一系列演绎场所及城市公园的建设开始陆续展开（表 6-3）。

---

❶　刘惠媛. 博物馆的美学经济 [J]. 北京：生活·读书·新知三联书店，2008：56。

图 6-26　泰特现代美术馆对伦敦南部地区的发展提升

来源：flickr.com

格拉斯哥为促进城市旅游发展的文化活动及公共文化设施建设　　　　　　　表6-3

年份	举办的主要文化活动	城市更新中主要的文化场所建设
1983	更好的格拉斯哥 （Glasgow's Miles Better）	Burrell Collection 美术馆的开张、皇家音乐与戏剧学院
1988	国家园林节 （national Garden Festival）	克莱河南岸 60 英亩的原有码头被改造成为园林
1990	欧洲文化城市节 （European Cities of Culture）	格拉斯哥皇家音乐厅（Glasgow Royal Concert Hall）的建设、McLellan Galleries 美术馆的建设，电车轨道（Tramway）和拱门（the Arches）被改造成为新的表演和视觉艺术场所，以及一系列城市公园的建设（例如 Garnethill 公园的建设）
1996	格拉斯哥视觉艺术年 （Glasgow Year of Visual Arts）	当代美术馆（Gallery of Modern Art）
1999	建筑与设计的英国城市 （UK City of Architecture and Design）	灯塔建筑中心（Lighthouse Architecture Center）

来源：转引自：黄鹤. 文化规划——基于文化资源的城市整体发展策略 [M]. 北京：中国建筑工业出版社，2010：58。

　　在博物馆的带动下，旅游区中的各种配套建设得以成功启动，例如相关的城市公共建设，配套的经济、社会、城市复兴、旅游休闲等政策，以及以此为源头所开展的服务型产业——像纪念品商店、文化主题餐厅、传统小吃街、演出地方戏剧的剧场等等，正是因为博物馆的存在才得以成形。而反过来，如果没有畅达的交通网、国际经贸会议中心、运河大桥、港口，以及更多的酒店、餐馆、大型商业中心等这些焕然一新的建设相辅相成，博物馆就不可能有如此多观众，失去观众的博物馆发展无从谈起。

　　除了那些"明星级"博物馆作为一个地方文化形象的代表以外，在本身就因为独特的自然、历史或者人文风俗等条件而拥有大量的游客到访的旅游区，博物馆不需再凸显作为文化象征的强势气质，而是应该作为一种配合展现地方特色的手段而存在，为该区域的过去、现在及未来进行文化推广，并提供相应的公共服务。这种模式适用于自然风景区、历史街区、民俗生活区，以及各种寺庙、教堂、皇宫、陵园、遗址等具有特殊意义和氛围的场所。

这种配合地方特色的博物馆设计可以有以下的切入点：

基于自然环境，博物馆的体量、造型、材料、色调等均可以从当地的特色景观中获得设计灵感，最大限度地减少对原有环境和气氛的破坏。四川乐山大佛博物馆的设计概念出自对当地山体形象的抽象模仿，并选择与山体土质相同的红砂岩，整个博物馆犹如盘踞山上的几块巨石，与所在坡地融为一体。

基于历史文脉，新建的博物馆应该在尊重和敬畏的态度上运用当代的设计表达作为回应，这并不代表对原有文脉在形态和尺度上的全盘复制，试想假如都是在新建的博物馆上仅仅是增加传统的坡屋顶和装饰化细部，实际上反而是制造了新问题。

基于人文风俗，以地方气候、生活模式、居民行为、节庆文化的特色作为出发点的博物馆设计方法，是一种关怀原居民生活质量的体现。面对由于旅游业的进驻而引起的居民和游客对于空间的争夺等现实问题，旅游区里的博物馆设计除了关注外观造型以外，还要深入考虑各种动线及活动空间的设置，以适应当地的气候和生活方式，重新整合游客的体验活动与居民的生活秩序之间的关系。

基于特色推广，旅游区中的博物馆除了通过空间和展览推广地方的文化特色以外，还为游客提供具有地方特色的公共设施及服务配套，比如具有地方特色的庆典空间、餐饮空间以及地方文化的衍生旅游商品的销售等等。

案例 6-20：以博物馆复合化城市网络为发展框架的城市创意群聚体系

再以伦敦南岸新兴的艺术文化区为例。原本萧条的南岸区向来是普通公众不会踏足的工厂区，由于泰特现代美术馆和莎士比亚环球剧场陆续开幕，新兴区正在向艺术文化区的方向发展。宽敞的河堤散步道、码头、小剧场、电影院、餐厅、酒吧、画廊，还有越来越多的创意工作室，它们吸引了许多本地人和外来游客前往休闲游览。

集图书馆、美术馆、电影院、艺术工作室、餐厅、商店等诸多功能于一身的仙台媒体中心，同样是作为仙台文化艺术的中心而体现出文化信息发源地以及吸引到访者的功能，让中心的周围聚集了与文化艺术相关的创意商店和工作室。

由于共同的文化和艺术的附加值以及博物馆的品牌魅力，文化创意产业与博物馆的"物以类聚"有利于提高效率，促成互补协作与资源共享；同时在过程中，博物馆对人文环境的维系也起到了一定的调控作用（表6-4）。因此，在进行创意产业发展用地规划时，应该出台相关优惠政策，鼓励在创意园区建立各种类型的博物馆；又或者可以优先考虑让创意产业群组围绕在已建成的博物馆周边区域进行园区开发。

文化创意产业对发展环境的需求 表6-4

需求	艺术文化类（%）	设计类（%）	媒体类（%）	总体（%）
良好的人文环境	67	77	80	74.7
良好的生态环境	60	50	78	62.7
文化创意人群的聚集	60	53	70	61
不同文化创意行业之间的交流	77	51	55	61
对行业前沿信息的了解与掌握	70	68	29	55.7
较大的工作空间	57	59	43	53
创作资金的支持与保障	40	48	25	37.7
良好的硬件技术设施	20	23	9	17.3
市场化概念加强	6	5	6	5.7

来源：数据来自零点测评公司对北京217家文化创意产业的发展环境需求调查。

这样做的好处显而易见。首先，博物馆的吸引力为处于初起步阶段的周边的文化创意机构带来媒体及公众的关注和好奇的目光；其次，博物馆对所在地区的文化环境的控制与定位能过滤掉一部分纯营利性质的影响因素，有利于稳定其周边创意产业的文化基调；还有，通过政府相关扶持政策，实现博物馆与周边文化创意机构的互惠互利，例如博物馆为创意企业策划推广活动，而创意企业则为博物馆提供展览实体或者给予相应的资金回报。总之，两者复合所生成的实际效益，远超越任何单一的层次。

与博物馆一样，只有与城市的结合度足够紧密，才有可能真正成为城市存在问题的解决策略。文化创意产业利用博物馆的品牌辐射力，围绕其周边地区发展成一个个小规模分散型的文化创意群聚；当这些创意群聚与博物馆的复合化城市网络相结合的时候，便形成有机分布的"城市创意群聚体系"（图6-27）。创意群聚体系的形成是城市创意激发机制的一种启动工具，有助于城市创意的重新发掘，促进城市创意的循环，有助于让文化创意真正贴近公众生活，实现"把为发展框架的城市创意群聚体系创意深植于城市的组织结构内"[1]。

---

❶　查尔斯·兰德利（C.Landry）. 创意城市：如何打造都市创意生活圈 [M]. 杨幼兰译. 北京：清华大学出版社，2009：167。

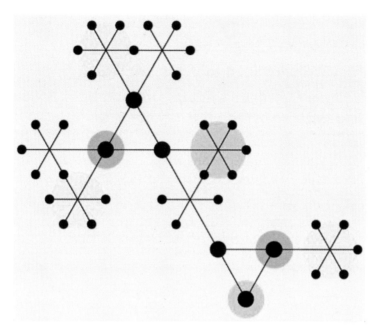

图 6-27　以博物馆复合化城文网络为发展框架的城市创意群聚体系

6.4　复合化功能定位的意义

　　面对博物馆运营所呈现的社会化和市场化的发展趋势，博物馆的复合化功能定位希望通过发展定位及功能设置，对当代博物馆的多层次运营模式及其向外拓展的趋势进行统筹计划和设计配合。复合化功能定位的策略对于处于社会产业转型正在热烈进行中的当代中国博物馆及其相关领域的发展，均具有广泛的意义。

　　（1）有助于博物馆内部功能的整合更新。复合化功能定位关注博物馆的社会需求，关注博物馆自身运营的需求，以及关注博物馆与相关产业合作的需求，因此，无论是博物馆传统的藏展、研究、教育功能，公益性服务功能，还是消费性服务功能，复合化功能定位都要求通过设计层面对它们进行整合更新。

　　（2）有助于博物馆的社会化运营模式的成熟发展，从而在一定程度上让博物馆获得相对稳定的发展经费来源。发展资金的缺乏是博物馆失去观众的最为关键的原因，基于产业合作的客观趋势，博物馆只有不断向外拓展运营模式，并在复合化功能定位策略的设计配合之下寻求多层次的合作产业，才能健康而持续地发展。

　　（3）有助于对博物馆未来发展模式的统筹策划，并由此提升博物馆对于文化产业与商业合作的导向和促进作用。在今天，文化成为一种新元素刺激了商业效益的提升，而商业运作产生的利润也为文化提供了发展的资金保障。复合化功能定位策略以博物馆与城市商业综合体的关系作为未来博物馆主要发展模式的基础，这对文化与商业的合作共赢必然起到积极的导向和促进作用。

（4）有助于实现博物馆对相关产业的配套和引导，同时通过合作也使博物馆得以在全方位领域提升自身的学术价值；尤其是通过合作为博物馆带来的灵感的激发，更是对推动博物馆运营和策展理念的变革起到了不可忽视的作用。

第七章　博物馆的复合化空间模式

在当代的博物馆空间里，公众的行为开始出现更多的可能性，获取知识、艺术不再是观众进入博物馆的唯一目的，他们更希望通过展品、建筑空间、公共活动以及休闲服务去寻找一次思考、体验甚至享受的独特经历。因此，当传统以藏展为首要功能的博物馆不断进行功能拓展以为公众提供更多不同的体验时，博物馆的空间模式也在随之而发生改变。博物馆的复合化空间模式，希望实现博物馆空间与多重体验行为的有机融合，同时优化调整博物馆内部空间与城市空间之间的衔接关系。

7.1 复合化空间模式的影响要素

7.1.1 城市的环境要素

建筑与城市环境要素的关系从来都是建筑设计理念的主导因素。城市的环境要素，是指构成城市环境整体的各个基本物质组分；从城市的历史与文脉、地理与水文、气候与资源，到城市的肌理与地标、景观与绿化、尺度与密度、繁华与宁静、精神与物质等等，都是与建筑关联甚密的城市环境要素。

博物馆被认为是城市文化特性的象征，正是城市的这些环境要素，给博物馆带来了取之不尽的设计灵感。一直以来，博物馆的设计与城市环境要素的关系普遍存在两大类：①寻求相融——尤其是在需要融入具有强烈历史特征或者美好自然风光的城市环境之中的新建博物馆项目——在通过体量、比例、材料、色调等对环境表示敬意或谦逊的同时又要以一种独特的方式表达对于相融的理解❶（图7-1）；②保持距离，当面对所在用地周边的杂乱、无序、噪声等不利条件，选择这类处理方法的博物馆往往通过高墙、围合、实体、冷调子、绿化屏蔽等元素以示与城市环境的隔离（图7-2）。

在当代的语境之下，复合化趋势不断拓展着博物馆的社会职能，同时也让人在博物馆中的地位日趋主导；在此基础上，当代博物馆与城市环境要素的关系发展出第三种类型——积极主动地为城市以及城市的人提供空间、功能和服务——这涉及博物馆以何种空间模式与城市进行接壤。而这种接壤不仅仅是解决进出问题，而是通过接壤对城市环境的各种要素，包括人们的公共生活、公共行为、公共习俗、公共意识、公共利益等领域进行适应与协调。

---

❶ Simone Bove. 博物馆·历史 [J]. 世界建筑，2006(09): 66。

图 7-1　寻求相融——苏州博物馆鸟瞰效果图

来源：来自 cf-tz.com

图 7-2　保持距离——MUMOK 现代艺术博物馆

来源：奥特纳 .MUMOK 现代艺术博物馆 [J]. 世界建筑，2009（06）

7.1.2　观众的观展行为

在正统博物馆时期，观众怀着一种朝圣的心情，排着队走过一排排整齐而冰冷的展柜，面无表情地默默参观，生怕因交谈而产生的声音会打破原有的宁静；这个时候的观众只是作为被灌输的对象而往往处于被动的地位。以上的局面因为 20 世纪七八十年代的全球经济不景气得到了扭转的契机，从那时候起，博物馆的学术建设、资金运作以及运营管理开始以观众的需要为考虑的出发点，观众在博物馆中的行为和动机也开始纳入博物馆的重要研究课题。

在当代，对于观众参观博物馆的动机，国外有人整理出 6 大因素，分别是：①社会交往；②希望从事有意义的活动；③希望身处在一个舒适而无压力的环境；④希望能有具挑战性的新经验；⑤希望学习；⑥希望积极参加休闲事务。❶可见，观众在博物馆中的行为除了传统的参观展览以外，还有很多其他的可能：阅读、临摹、听讲座、激发灵感、会面、聚会、用餐、购买纪念品、参加商业活动等等（图7-3），他们希望能在博物馆中获得休闲、娱乐、社交等多种乐趣以及从中留下的美好回忆。

随着在博物馆中的动机、期待、体验等情绪和感官的需求越来越受到重视，观众在博物馆中的行为从"被动灌输"到"主动参与"到"融入其中"，这是推动博物馆的功能拓展以及空间发展的最主要的原因之一。

图 7-3　除观展以外的博物馆观众行为

来源：左上图来自 张子康，罗怡．美术馆 [D]．北京：中国青年出版社，2009；其他来自 flickr.com

7.1.3　博物馆的功能拓展

现代博物馆的定义是博物馆功能的体现，世界各国从博物馆的定义出发，制定出适合本国的博物馆基本功能。欧美比较通行的博物馆的三3大功能是：教育国民（Educate）、提供娱乐（Entertain）、充实人生（Enrich）。中国文化部提出博物馆的3大

❶　刘挺．博览建筑参观动线与展示空间研究 [D]．上海：同济大学，2007。

基本功能是：收藏展示、学术研究、公共教育。 **❶**

在当代，新的经济环境、技术水平、艺术观念和社会价值取向均影响着博物馆的社会职能、学术建设、运营管理以及展示形式等方方面面，这一切都是推动博物馆功能拓展的主要原因。从"以物品为中心"到"以教育为中心"再到"以观众为中心"，博物馆的内部功能和社会职能逐渐拓展并日趋复杂，只拥有传统的藏展、研究和教育功能的博物馆已不足以满足观众以及博物馆自身发展的需要。如今，世界上先进国家的博物馆在收藏、展示、研究、教育等传统功能以外，已经发展成了集文化、休闲、娱乐、服务、观光等功能于一体的文化复合体。

当代博物馆的功能拓展主要体现在以下两个方面：

1) 公共教育功能、公益性服务功能进一步呈现多元化和社会化趋势

对于博物馆的公共教育功能的重要性，陈丹青先生的评价是："西方的文化重镇和重点是美术馆，以及美术馆连带承担并高度发挥的社会教育功能。" **❷** 在当代的复合化趋势之下，博物馆公共教育功能的地位得到进一步的重视，为了满足不同观众的多种要求，博物馆更是不断调整教育的方式，以创造出更多带有创新性的教育手段。从博物馆有计划组织的展览、讲座、讨论会、影视分享会，以及从博物馆出版的书刊、视听产品，甚至在以博物馆的藏品为主题的纪念商品里，观众在潜移默化中接近、了解，最终享受文化、艺术、科技的熏陶，这些都是博物馆寓教于乐的教育形式。

除了让观众从参观中获取知识，当代的博物馆还需要为社会提供开放性的公益设施和服务，包括为城市提供公共空间，以及在这些开放的空间中为公众策划各种文化活动；与此同时，为特定观众群所设置的功能也日益受到重视，比如开放的图书、资料库，专为儿童设置的休息空间，专为听障或视障者设计的展厅等。

像华盛顿大屠杀纪念馆在首层的北侧安排了名为"丹尼尔的故事"的展示区，专为八岁以下的儿童展示。这个展示区以一个名叫丹尼尔的 8 岁犹太人小孩所写的日记作为主线，儿童观众透过一个犹太小孩的观察，更容易了解大屠杀发生的过程，同时避免了固定展厅里过于残酷的真实记录在儿童脑海里留下的恐怖回忆。

2) 休闲娱乐功能、消费性服务功能逐渐成为博物馆功能的重要组成部分

从最初的辅助功能到今天博物馆功能的重要组成部分，博物馆的休闲娱乐功能和消费性服务功能在毁誉参半的声音中持续发展，甚至扩张成为颇具规模的博物馆零售行业。除了商店、餐厅、咖啡馆以外，博物馆还进行注册和发售博物馆品牌的纪念品，出版音像制品和书刊，为各种商业活动提供场地出租，以及策划商业展览等市场化操作，有的博物馆还拥有游乐场，把休闲娱乐功能发挥到极致。尽管质疑之声此起彼伏，但事

---

❶　王宏钧主编. 中国博物馆学基础 [M]. 上海：上海古籍出版社，2001：54。
❷　陈丹青在今日美术馆的今日讲坛中的发言。

实上，博物馆的休闲娱乐功能和消费性服务功能不但是维持博物馆运转资金的重要来源，而且还是延伸博物馆的公共教育功能和公益性服务功能的载体和工具。

正是博物馆的传统功能以及拓展功能的共同作用，使当代的博物馆得以在传播地方文化的同时，加强社区凝聚力，促进自身与区域经济结构的互动，从而推动整个地区的进入良性发展的循环。

7.1.4 博物馆的空间发展

18世纪法国大革命之后很长的一段时间里，现代的博物馆表现出对古典主义风格的浓厚的兴趣，像佛罗伦萨的乌菲兹博物馆、柏林的佩加蒙博物馆等，至今仍然延续着古典风格博物馆所具有的相类似的空间序列：从仪式化的门厅，到中央大厅的问讯处，到衣物储存间，再通过精美而宽敞的楼梯通往空洞辽阔的二楼大厅，展厅对称地分布在中轴线两侧（图7-4）；而传统博物馆展厅给人的印象也是一种拘谨的气氛：笔直的墙面，昏暗的灯光，摆放得一丝不苟的展品。之所以称为"厅"，是因为其大多有明确的空间围合，展示区与公共区就是基于墙体的划分来区别的。这些博物馆的空间形态像纪念广场般让人生畏，并在很长的一段时间中影响了人们看待学术的方式。

图7-4 传统仪式化的博物馆展示空间

（a）、（b）佛罗伦萨乌菲兹美术馆，来自乌菲兹官方网站；（c）柏林佩加蒙博物馆

来源：（a）（b）来自乌菲兹官方网站

到了 20 世纪 20 ~ 30 年代，博物馆主体空间结构的基本形式已逐渐成形，常见的有串联式、放射式、走道式、大厅式等，而展示体系则普遍是按年代或主题划分的线形体系，空间结构呈现线形化、平面化、规律化的特征。"博物馆疲劳"[1] 的概念就是在这个时期由美国心理学和博物馆专家梅尔顿提出的。也正是从这个时期开始，庄严的感觉、神圣的艺术氛围渐渐不再是现代博物馆空间的唯一追求，取而代之的是要求传达清晰的设计逻辑，并通过明确的外观表达建筑的功能用途。

发展至当代，博物馆的空间组成一般根据功能划分为：展示空间、公共空间、藏品保存及维护空间、研究空间、管理办公空间。[2] 其中，展示空间与公共空间的组合构成了博物馆的主体空间结构。

展示空间为观众提供展示，是当代博物馆的主体空间，一般有包括常规展厅、特展厅、临时展厅、放映厅等在内的细分，也有的与藏品库房合并使用。

公共空间为观众的观展行为，以及因观展行为而连带产生的如学习、社交、活动、消费等其他行为提供服务，因此也被称为博物馆的服务空间（图 7-5）。基于复合化趋势下的观众需求，博物馆的公共空间具备多种用途，并有进一步扩展的趋势，其功能主要包括：购票、咨询、集散、通行、休息、交流、停留、休闲消费、举办各种社会活动等。根据这些不同的行为，公共空间的功能可以分为 2 大类：①公共空间作为交通空间，起着空间过渡、集散人流、协调空间组合等交通辅助作用；②公共空间作为观众服务空间，为观众提供各种公益性及消费性的服务。这两种功能之间没有明显的空间界线，经常出现相互的渗透、交叉、重叠（图 7-6）。

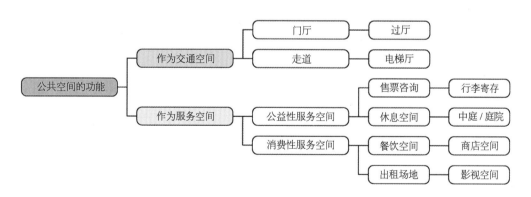

图 7-5 博物馆公共空间的功能

❶ 有研究表明，过于刻板的博物馆空间设计（包括展览策划）会迫使观众长时间保持高度集中的注意力，给观众带来紧张和焦虑的心理，从而引发生理上的疲劳和心理上的饱和、厌倦。这种不适感称为"博物馆疲劳"。
转引自：曹意强主编. 美术博物馆学导论 [M]. 杭州：中国美术学院出版社，2008。
❷ 蒋玲主编. 博物馆建筑设计 [M]. 北京：中国建筑工业出版社，2009：35。

图 7-6　巴黎奥塞博物馆的公共中庭承担了观众服务及疏导交通的功能

来源：张莉兰提供

在以往，大部分博物馆的空间是以功能划分的单一化空间，各种空间之间基本具有明确的功能设置，不同空间之间不会有功能上和空间上的交叉。观众在其中的行为具有固定、单一化的特征——观众大多根据设计好的路线，按照线形的方式运动，他们在展示空间参观，在公共空间休息似乎成了一种行为定式。

然而，单一化的空间在今天复合化的趋势中受到了挑战。伴随着科技和当代艺术的产生与流行，多媒体表现、虚拟现实、稀有材料、高精制造等越来越多地被运用在各种展示当中，环境的植入更成为其中一个重要命题。正因如此，墙体的不可改变性渐渐成为展示思路的局限，而传统展厅的空间尺度也渐渐不能适应当代的展示要求，很多特殊尺寸的展品只能摆放在中央大厅、过廊等地方，所以，"展厅"的概念也正在为"展示空间"所代替。从狭义上理解，"展示空间"与博物馆的其他区域（公共空间、服务空间、开放式库房、展品制作间等）互相渗透；从广义上理解，"展示空间"甚至与整个城市环境融为一体。

与此同时，人的身体、情感等体验的满意度开始成为观众对当代博物馆空间新的审美价值取向，而观众在博物馆中的"学习"也开始为"感知体验"所代替。除了观展以外，观众在博物馆里还会进行多种不同行为：休息、张望、阅读、思考、聊天、临摹、聚会、购物等，这些行为的交替和重叠形成了一系列多变而非特定的复合活动。展示空间可能需要同时具备休息、公共交往的功能，而公共空间也往往需要扩大容纳更多性质的社会活动的可能性。各种各样的空间功能和体验行为的混合、交叉、重叠现象的相继出现，显示出博物馆空间模式的复合趋势。当代博物馆需要为这些复合的行为和活动提供复合的空间模式（图7-7）。

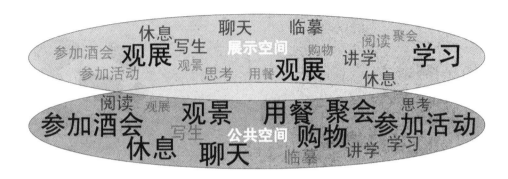

图 7-7　当代博物馆空间中的复合行为

7.2　复合化空间模式的基本特征

　　面对当代博物馆的功能拓展以及复合化趋势对空间发展所提出的要求，仅仅是在博物馆规模或空间尺度方面的无限追求并不足以应付——如何让博物馆空间的固有模式与新的发展因素通过一系列手段进行复合，逐渐完成从单一化功能型空间向复合化体验型空间的过渡，并在此过程中进一步强化空间的开放性、公共性、通用性、多义性等特征，建立起适应当代博物馆发展的复合化空间模式，这才是解决问题的关键。博物馆的复合化空间模式对于观众在亲身参与过程中所感受的独特经历并不仅仅来自于博物馆的展示，而是通过建立一种集约共享、灵活可变的模式对当代博物馆空间进行整体的统筹组织而最终实现的。

7.2.1　体验特征

　　体验特征是博物馆复合化空间的首要特征，复合化空间模式的提出就是要实现博物馆空间与多重体验行为的有机融合。实际上，体验的概念最早出自经济领域，是由美国经济学家派因和吉尔摩提出的：体验经济是从服务经济中分离出来，它是继产品经济、商品经济、服务经济后的第四个经济阶段。其最鲜明的特征是企业提供让客户身在其中

并难以忘怀的体验。❶

在体验经济时代里，人们追求与众不同的感受，人们渴望参与、体验过程并因此获得美的难忘的回忆。作为本身就是美、艺术、文化、知识等感官、情绪、思维体验的输出者，博物馆更应该重视观众的感觉，也就是观众的体验。❷

在复合化趋势之下，观众在博物馆中的多重体验行为已经从展示空间逐渐向公共空间、研究空间、服务空间蔓延，博物馆整体空间的体验感和场所感被进一步强化。同时，对空间体验感和场所感的营造可以来自博物馆的任何一个方面——具有视觉冲击力的展示形式，多种手段的教育活动，提供更多落到细处的公益性及消费性服务项目等——从各个领域打通观众对于场景信息和文化意境的感知和接收。当代的博物馆为观众提供的体验可以归纳为以下 4 种（图 7-8）：

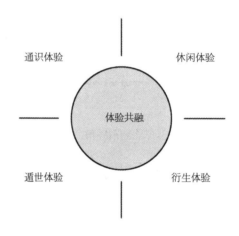

图 7-8　当代博物馆的观众体验

1）通识体验

通识体验是观众在博物馆中最为基本的体验，是指观众在博物馆摒弃掉以往"说教"方式和态度之后，经过博物馆的多元化引导和激发而获得的通识教育。通识教育没有专业的硬性划分，它提供的选择是多样化的，重在开发、挖掘出不同个体身上的潜质与精神气质，让观众加深对环境和事物的触觉，扩阔知识基础与观察角度以及提升对不同学科的联系和批判性思考能力。通识体验让观众的知识领域得到顺其自然的扩宽。

2）休闲体验

观众在博物馆中的体验还应该包括从休息、娱乐、消费等行为中获得的与休闲相关的体验。一般意义上的"休闲"包括两个方面：①指通过娱乐和休息解除身体上的疲

❶　B.Joseph Pine Ⅱ，James H.Gilmore. 体验经济 [M]. 夏业良等译 . 北京：机械工业出版社，2008。
❷　张子康，罗怡 . 美术馆 [M]. 北京：中国青年出版社，2009：40。

劳；②指在余暇时间中发展智力，或者获得精神上的慰藉。人们只有在休闲的状态下才能自由放松体力和智力，为之后的进步储存力量；因此，如今许多博物馆在设计的过程中都努力地营造休闲的精神及场所，而高品质的餐厅、咖啡馆、纪念品商店，甚至电影院、游乐场就是最能让观众获得休闲体验的地点（图7-9）。

图 7-9   墨尔本博物馆配套 IMAX 电影院

3）遁世体验

从经济学的角度，遁世体验是体验的最高形式。营造遁世的环境、气氛、场所是旅游业、房地产业以及许多高级的酒店业用以吸引顾客的手段。同样，当代的博物馆通过空间序列的建立、空间形态的处理、建筑材料的运用以及星、光、电等高新技术的革命，让观众在亲身参与的过程中经历与众不同的感受，从而产生一种遁世的感觉而历久难忘。这种遁世的体验可以从博物馆的不同空间中获取，应该说，观众从步入博物馆的那一刻起就开始了奇妙的遁世历程。

波兰艺术家米罗斯瓦娃·巴尔卡（Miroslaw Balka）在泰特现代美术馆的涡轮展厅——实质上是美术馆的公共大厅——内部墙壁上贴满了漆黑的程度是普通黑色涂料10倍的天鹅绒，观众沿着斜坡走进空间，在体验从光亮到全然黑暗的过程中进行冥想（图7-10）。媒体赋予此作品各种各样的含义：宇宙空间的黑洞，《圣经》里对黑暗的记载，人们对地狱的想象……这些都是不同观众所领会到的不同的遁世体验。

图 7-10 泰特现代美术馆年度系列作品

第十件：How it is

来源：flickr.com

4）衍生体验

衍生体验就是观众在博物馆中所经历的社交体验、情感体验、活动体验、互动体验等博物馆的旁系体验。博物馆对于衍生体验的提供主要通过各种功能、服务以及设施的配置在过程中的细节渗透。比如博物馆是否为观众预留出足够的用以组织公共聚会、约见私人会晤的空间和场地，休息座椅、洗手间、庭院、广场、残障人士设施、照顾儿童或孕妇设施等的设计是否到位，公共区域洁净度和舒适度的营造是否过关，观众是否随时能获得态度可亲的咨询和服务等，这些相关的延伸，都是博物馆为观众提供衍生体验所应该囊括的方面。

7.2.2 开放特征

现代博物馆的开放性众所周知，从"贵族化"到"精英化"再到"大众化"的蜕变，卸下华丽盔甲的博物馆希望更多地参与到公众生活中去，很多博物馆通过免票开放吸引观众。然而随着其社会职能的拓展，博物馆的通识教育、休闲服务、创造公共活动空间以及提高社会凝聚力等能力受到重视，这一切使当代的博物馆仅仅以免票提高开放度还不足够，还需要在运营理念、功能设置、空间形态和空间布局等各领域都显示出比以往更为深广的开放性。

在以往，博物馆的开放性还往往倾向通过空间形态表现，然而，单凭空间形态的打开并不能真正达到开放的效果：沃尔夫斯堡科学中心的首层几乎完全架空，在设计上是作为城市公共活动地带考虑，但实际上，建筑覆盖阴影区过大使架空尺度显得压抑，缺乏自然光的照射使架空层昏暗无光，加上无任何功能性、服务性的设置，最终只能呈现空无一人的荒凉情景。因此，对于空间形态开放性的配合，博物馆空间的开放特征还应该体现在以下方面：

1）蔓延扩展的公共空间

公共性和开放性是博物馆公共空间应该具备的性质，随着博物馆的功能拓展，博物馆的观众行为日益重叠、多变和非特定，这使本来就具备多种功能的公共空间更进一步显示其包容力。

在功能设置上，除了为观众提供常规的集散、服务和活动的空间之外，公共空间开始扩展至博物馆的其他空间，而展示空间、休闲消费空间甚至阅览空间也开始与公共空间复合，并且各种功能之间的界限日渐模糊化。越来越多的博物馆的展品、餐厅座椅都会结合中庭、庭院等公共空间进行摆设，除此以外，作为博物馆对社会开放、为社会服务的主要作用场所，公共空间还需要为各种社会活动的举办提供场地。

公共空间的面积也随着复合功能的多样化而得到增加。中国国家博物馆（原中国历史博物馆）公共空间的实用面积只占博物馆总面积的2.8%，2003年经过中庭扩建后增加至近20%，有效应对了观展人流增加所带来的服务配置的问题。

越来越多的博物馆的决策者、投资者、管理者和设计者认识到，博物馆品质的完善并不只是体现在对展示空间的优化、藏品收藏量的增大或者藏品价值的提高上，公共空间也是博物馆设计中的重点，而且要让博物馆更具魅力，吸引公众周而复始地回到博物馆，公共空间塑造的成功与否十分关键。因此，通过对展示空间与公共空间的组合来主导博物馆的整体空间格局成为博物馆空间设计的重点。

2）向公众开放的研究空间

研究空间是指由博物馆中的图书馆、档案馆以及一系列的藏品研究中心（用房）所组成的空间统称。在以往，博物馆的研究空间只对专家学者和内部人员开放，但近年来随着博物馆与观众关系的靠近，一些原来属于内部使用的研究空间——尤其是图书馆或者阅览空间——在如今有向社会公众开放的趋势。

当代博物馆研究空间的公共化，其实质是阅览空间与公共空间的复合；因此，实现观展流线、公共活动流线以及研究阅览流线的有机组织是评价研究空间开放程度的重要标准。在以往，研究空间一般与博物馆的公共地带区分开来，形成相对独立的流线系统；而在当代，一部分博物馆则选择把研究空间放于博物馆的布局中心，并通过四周环绕的公共空间与外围的展示空间相连。大英博物馆中的图书馆就是这样一种布局，经过改建，柔和入射的光线一扫原来的昏暗，配合餐厅、咖啡厅、纪念品商店等服务空间的设置，这里成为博物馆最受欢迎的舒适的阅览空间及公共空间（图7-11）。

图 7-11　大英博物馆位于中庭的开放阅览空间

来源：左图来自大英博物馆官方网站，中图、右图来自 flickr.com

3）面向城市的休闲消费空间

休闲消费空间一般包括博物馆餐厅、咖啡馆、纪念品商店、书店、影视厅等一切为观众提供休闲娱乐活动的消费性场所。休闲消费空间包括在公共空间的服务功能范畴，但随着消费性服务功能的重要性在当代博物馆中不断显现，休闲消费空间无论是面积比例还是在博物馆中的布局选点，均已不再作为一个辅助角色而存在了。随着运营理念及模式的改变，面向城市开放——主要体现为便利、可达、文化气息、有景可看等——成了博物馆休闲消费空间设计的主要趋势，其中有 4 种常见的模式：

（1）休闲消费空间与博物馆的中庭、庭院等公共活动空间合二为一，促进博物馆整体气氛的活跃和共融（图 7-12）。

图 7-12　苏州博物馆的庭院餐厅

（2）休闲消费空间分散设于博物馆各主要过渡空间。柏林的佩加蒙博物馆把商店分散设于门厅、参观过厅、出口等候空间等，这对于老博物馆的服务空间升级是很好的借鉴作用。老博物馆往往不易于腾出专属的服务空间面积，而把面积分散开来，结合实际的布局和空间使用情况分别设置，是对有限空间的有效利用，同时也有利于提高服务空间的可达性。

（3）休闲消费空间邻近博物馆的入口、门厅或者大厅，同时直接与城市街道、城市广场接壤，并设有独立的城市出入口，甚至把空间延伸至城市。

（4）休闲消费空间位于博物馆的顶层，城市美景一览无遗。

斯图加特艺术博物馆坐落在城市中心商业街，咖啡厅沿街而设，靠近首层南向主入口，同时在入口以外的城市空间安排露天咖啡座，与其他商业店铺形成一致的经营格局，共享城市空间，很多人坐在那里聊天，喝咖啡，消磨休闲时光；而博物馆的东向次入口则是纪念品商店的所在，由此可通达博物馆东侧的购物中心，双方人流的互换有利于双赢局面的出现；除此以外，博物馆的顶层还设有餐厅。可以说，斯图加特艺术博物馆的休闲消费空间是对城市空间资源的最大化利用（图7-13）。

图7-13　斯图加特艺术博物馆的露天咖啡座和顶层餐厅

7.2.3　混合特征

传统的博物馆常见的是以明确的功能作为空间划分的依据，而复合化体验型的空间则更注重对人的行为特点的结合，以及它们之间的关系的整合；由于人的行为往往存在交替性、多变性、群发性等不确定的因素，因此当代博物馆的空间更加倾向于混合特征的呈现。与最早期的"展藏合一"的博物馆空间不同，当代博物馆空间的混合特征指的是在同一个空间里同时存在多种功能，容纳多个空间，或者发生多种行为；彼此之间以软性的模糊边界分隔，很多情况下甚至不存在边界。

混合特征对传统博物馆空间的优化在于：首先，站在人性化的角度，传统博物馆的过于仪式化的空间布置和气氛营造，给观众带来紧张的情绪，这种情绪使观众即使坐下休息也是正襟危坐的姿态，彼此之间没有太多的交谈。相反，混合模式则为观众提供了良好的参观、休息、交流和通识体验的复合空间，其空间形态的丰富变化突破了博物馆固有的严谨印象，十分适合不同行为的共同发生，而由此营造出的轻松、活跃的氛围则让身在其中的观众得以真正放松身心，这对于因大量知识在短时间内进驻大脑而产生的"博物馆疲劳"将带来有效的缓解；而同时，根据轻松的气氛有利于激发创作灵感的理论，具有混合特征的空间还能强化博物馆这方面的功能。另一方面，站在资源集约的角度，混合模式有利于简化博物馆的空间布局、节约用地面积以及资金的投入，从而相当于形成一座"简版"的博物馆，这对于提高博物馆在有限的用地或者资金条件下的文化传播效率具有一定的作用。混合空间的限定手法通常有：微高差，铺地材质的变化，家具布置，通透的软性隔断等。

案例 7-1：通过微高差进行空间限定

位于斯图加特的保时捷汽车博物馆的内部是一个变化丰富的无分割整体空间。除了多种内容和形式的展示以外，空间通过平台、坡道和局部台阶等楼板标高的微高差处理，在多处创造了供观众停留、休息、交流的场所（图 7-14），有师生利用这些台阶、斜坡等微高差形成的"小型阶梯教室"进行互动的讲授与学习，那里还可以成为学生临摹、写生的区域。沃尔夫斯堡科学中心的内部空间同样也是一个通过微高差的设置把观赏、参与、休息以及休闲消费等多种功能和行为融为一体的整体空间。

图 7-14　保时捷博物馆展示空间中的休息台阶

案例 7-2：通过软性隔断进行功能划分

仙台媒体中心是收集、保存以影像或音乐为主的相关书籍、录像带、影像文件等各种媒体的文化艺术中心，同时也是集图书馆、美术馆、电影院、艺术工作室、餐厅、商店等诸多功能于一身的市民活动中心。

中心的设计打破了框架结构建筑的均质性，通过对传统矩形柱的解构，在内部空间中形成多组管状组合柱筒，并结合这些柱筒的分布以及根据功能划分的需要而布置不同的家具，最终在共享的大空间里形成了多个不同的区域——像画廊、书店、阅览室、网吧、视听室、餐厅、咨询处等等（图7-15）。公众乐在其中，各得其所。

"由于室内没有隔断墙，人们的一举一动会受到家具的很大影响。因此，从唤起人们行为的意义出发，配置所谓的'诱引'设施，使空间更加具有其独有的特点。……人们在这里可以与建筑进行实际性的接触，真正体会建筑的功能，得到交流和小憩。三叶草形状的座椅和透明的书架是妹岛和世设计的。恬静的空间与协调的家具等'诱引'设施吸引人们自然而然地集聚到这里。"❶

图7-15　仙台媒体中心的混合空间

来源：伊东丰雄建筑设计事务所 编著 . 建筑的非线性设计——从仙台到欧洲 [M]. 慕春暖 译 . 北京：中国建筑

工业出版社，2005

7.2.4　多维特征

以实物展示为主的博物馆空间普遍具有线形、平面化的特点，尤其是一些绘画类、雕塑类的展厅喜欢以墙面、板面作为展品的衬托背景，形成长廊式或者是环绕式的展示区域，观众只能从平视的角度观赏展品。

随着社会的意识形态、经济、科技的发展，当代博物馆的空间正在从序列化、平面化向多维化、立体化的模式转变。一方面，以声、光、电为代表的装置式展示为观众带来了除"观"以外的"听"、"触"、"闻"、"思"，甚至亲自操作、亲身参与等全方位

---

❶　伊东丰雄建筑设计事务所编著 . 建筑的非线性设计——从仙台到欧洲 [M]. 幕春暖译 . 北京：中国建筑工业出版社，2005:176。

的感知设备，越来越多的展品或者展示理念需要观众不再只是观赏到位于背景板之前的展品的正面，而是可以从四方八面，甚至是处于变化中的角度去对展品进行认知。另一方面，当代艺术的展览策划更为注重的是观众与展品的互动参与交流，人的身体、情感等全面体验比展品的本身更重要，因此当代的博物馆开始注重为观众提供多维的空间模式，以促进观众与人、空间、展品的对话，并通过更多的知觉来体验世界。

可以说，复合化空间的多维特征宣告了背板式、平面化博物馆空间的结束，即使是以平面表现为主的绘画作品展示，也在多角度的体验空间里得到观察的全新视角，这在实际上对于博物馆展品的认识与研究角度来说也是一种发展。

案例7-3：整体空间的多角度体验

慕尼黑的宝马汽车博物馆以若干楔形的体块限定空间，并通过不同标高的天桥横亘相连，观众在天桥上穿梭，可以从各个角度观赏真实比例的宝马汽车模型；多媒体投影在不同的墙面上产生折射变形，配合起音乐，整个空间变得虚幻起来。如果把此情此景抽象出来——人、汽车、映像、空间——这个契合的场景成为无时无刻不在变换的过程、发生的情景和动态的创造，其并不仅仅是为观众提供宝马产品的设计展示，而更多的是让观众体验宝马品牌全新的呈现和释义（图7-16）。

图7-16　宝马博物馆的展示空间

案例7-4：对巨型展品的立体观赏

在博物馆多维的空间模式中，当展品需要俯视时可以采用天桥、夹层；当展品需要多角度观赏时可以围绕展品形成多层次的立体空间。华盛顿航空航天博物馆展出的展品大多为大型展品，为了让观众能从各个角度观赏，设计师围绕巨型的火箭模型设置了多层的平台和楼梯。慕尼黑的德意志科技博物馆也通过夹层、天桥为观众参观真实尺寸的帆船、飞机火箭等巨型展品带来了更为深入的体验可能（图7-17）。

（a） （b）

图 7-17 巨型展品的立体观赏

（a）华盛顿航空航天博物馆；（b）柏林德意志科技博物馆

来源：（a）来自蒋玲主编.博物馆建筑设计 [M].北京：中国建筑工业出版社，2009

7.2.5　弹性特征

当代博物馆的公共性和开放性的增强，让公众更愿意选择博物馆作为各种公、私活动的场所。在欧美国家，公众尤其喜欢在博物馆聚会或者洽谈业务，以显示出邀请者的文化品位；而正是由于博物馆独特的文化气质，那里很多营利或者非营利机构都喜欢在博物馆举办各种庆典、表演、发布会、研讨会，甚至婚礼仪式等活动。

可见，当代博物馆的空间需要容纳更多未知的可能性。

另外，由于展示理念、技术以及普遍的审美价值观的不断发展，展示的内容和表达形式也趋向多元化、装置化、情景化、参与化，某些作品必须通过特殊的空间尺度、空间形态，其概念或者情感才得以真实、全面以及完美地表达，而不同作品之间从思想到形式上的巨大差异，也向空间提出了适应性的要求。如今很多博物馆已经对特展空间的弹性使用作了相关考虑，多功能展厅的增设确实起到了一定的作用；但实际上，当代博物馆的体验性远不只体现在展示空间，而是博物馆的整体空间都需要为观众的各种体验行为提供适应性、可变性。

基于对以上因素的考虑，可以说，弹性空间让观众在博物馆中的体验行为更有余地，当代博物馆的空间需要显示出弹性特征。在弹性特征之下，空间没有明确的功能界定，但往往具备足够的尺度可以举办不同类型的展览，以及进行各种社会活动，并使其性质有向其他性质转变的可能性。弹性空间更多地体现在共享大厅、庭院、放大走廊中，或者是博物馆通过体形和空间的组合与外部城市形成的半围合场所中，这些区域在不同的情况下可能成为或者同时成为博物馆的活动区、服务区或者展示区。

案例 7-5：通过大尺度实现空间的适应力

足够大的尺度是空间具备弹性特征的首要条件，因为大空间往往有更好的适应性。试想一下，假如受到空间体积的限制，如何对德意志科技博物馆里的真实尺度的飞机，或者自然博物馆里的大型恐龙骨架模型进行策划布展？

泰特现代美术馆长 30m、宽 10m、高 13m 的著名的超尺度涡轮展厅，能容纳大量的人流，也能满足包括展示、交通集散、举办酒会等不同的需要。这个多功能空间曾向世人展示过许多著名的当代艺术作品，比如：桃瑞丝·沙尔塞朵的长达 167m 的裂缝，奥拉维尔·埃利亚森的"天气计划"，还有 2010 年波兰艺术家米罗斯瓦娃·巴尔卡的"黑洞"等等。正是得益于空间尺度的巨大，这些不同的装置艺术作品尽管所表达的概念和思想迥异，却都能表现出与空间的高度协调（图 7-18）。

（a）　　　　　　　　　　　　　　（b）

图 7-18　泰特现代美术馆展厅的弹性使用

（a）在涡轮展厅举办酒会；（b）涡轮展厅中的年度 / 系列当代艺术作品

来源：flickr.com

案例 7-6：通过软性构件实现空间的高效利用

在小型博物馆的设计中，对于面积的弹性利用更显重要，因此应该在设计之初就为空间的多功能使用预留可能；而通过建筑构件的"开"与"合"创造出空间使用的灵活性，是需要因地制宜的小型博物馆对于有限空间有效利用的一种方法。

广州红砖厂中的大石博物馆，其主体展示空间在一道巨型的拉闸门的分隔下可根据实际需要增大或缩小：平时拉闸门关起来，一边是石材展厅，另一边是接待室兼洽谈室；当拉闸门开启时，扩大的展厅可以成为举办时装秀和新品发布会的舞台（图7-19）。

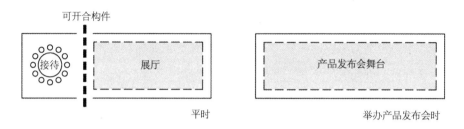

图7-19 开合构件的弹性使用举例

除了小型博物馆，仙台媒体中心打破用墙（房间）来划定空间的功能，通过管状柱来暗示"场所"的存在，强调"使用者通过自己的感觉和判断来确定空间的性质"❶；与此同时，仙台媒体中心还致力于利用可移动的软性分隔构件，配合管状柱的分布，根据不同展示主题和内容的需要，在同一个大空间创造出无限的展示格局（图7-20）。

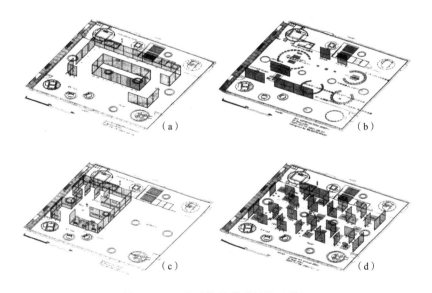

图7-20 可移动构件的弹性使用举例

（a）杉村淳作品展，2001.4.14～25；（b）电视竞技展，2001.7.14～8.7；（c）150年之旅——马克西姆·杜·书卷展，2001.6.8～7.4；（d）仙台艺术年，2001展2001.11.6～18

来源：伊东丰雄建筑设计事务所 编著.建筑的非线性设计——从仙台到欧洲[M].幕春暖 译.北京：中国建筑工业出版社，2005

---

❶ 伊东丰雄建筑设计事务所编著.建筑的非线性设计从仙台到欧洲[M].幕春暖译.北京：中国建筑工业出版社，2005:176。

案例 7-7：通过新技术实现空间的可变性

技术的日新月异为空间形态的可变性带来新可能，从而也能提升空间的弹性使用性能。华盛顿的赫希洪博物馆（Hirshhorn Museum）计划在每年的 5 月和 10 月沿入口到中庭安装一个 145 英尺高的可膨胀式"气球"结构以用作休息厅和会议厅的临时扩建（图 7-21）。目前此方案仍在改善中，其比对博物馆进行扩建拥有更大的经济性，并且"气球"可以在短时间内被扩大，各种装置也能很容易地安装在其内部，有利于及时解决博物馆的需求。尽管这些新技术在如今并未普及，但是其依然为弹性空间的设计提供了有价值的参考，并有可能成为弹性空间的一种发展趋势。

图 7-21　华盛顿赫西洪博物馆的加建方案

来源：flickr.com

7.3　复合化空间模式的框架构成

在博物馆的复合化设计策略中，复合化城市网络以及复合化功能定位，都是以宏观视角为基础的设计策略，是一种"由外而内"的设计思维模式；相对来说，复合化空间模式则是对于宏观策略的微观落实，它是一种"由内而外"的设计思考过程。特别是在对复合化空间进行结构组织的时候，这种"自内而外"的思维更是得到明显体现：基于展示需求而建立的主体空间，然后通过公共空间体系组织空间的主干，接着再以空间主干与城市空间结合，最终形成博物馆与城市的一个整体的公共活动体系。

7.3.1　建立主体空间：展示空间与展示主题复合

在"以物为中心"的年代，博物馆的建造是出于对藏品的保存和研究，而展示只是为小部分人——贵族、专家、学者——而提供的附属功能。然而当时代的巨轮滚动到今天，博物馆的所有工作，包括内部的藏品维护、学术研究、运营管理，以及与外界的合作交流等，都是围绕着为观众展示优秀的展览而展开的。展示成了博物馆最重要的功能，展示空间是博物馆的主体空间，展示空间的形态是博物馆空间的主体形态。博物馆的复合化空间结构要以博物馆的主体空间形态为基础，而这个主体空间形态的建立依据是：展示空间与展示主题的复合。

博物馆的展示空间和展示主题在当代的语境下被称为"容器"和"内容"，对于两者的关系也存在着2种截然不同的理念（图7-22）：①以解构主义为代表：博物馆建筑本身就是一件被展示的艺术品，通过形态表达强烈的感情，支持的作品有弗兰克·盖里的毕尔巴鄂古根海姆博物馆，李布斯金的柏林犹太人博物馆等；②以极简主义为代表：博物馆是一个中性的容器，重要的是其中的内容（展示主题），建筑只是载体，以衬托展品为己任，赫尔佐格的慕尼黑戈兹美术馆、彼得·祖姆托的布雷根茨美术馆作为第二种理论的支持者也是采用了无任何感情色彩的方盒状的建筑形式。

（a） （b）

图 7-22 博物馆空间对"容器"和"内容"关系的不同表达

（a）柏林犹太人博物馆通过空间表达情感；（b）布雷根茨美术馆通过空间衬托作品

来源：CityUp.org

其实，对于"容器"和"内容"之争，其根本是要解决适用性的问题。什么样的"内容"适合装进什么样的"容器"，因此，在打造"容器"之前，首先要根据"内容"考虑"容器"的造型、形态、材质、工艺等等。也就是说，在对博物馆的空间结构进行设计建构之前，应该对展示的主题及其特征有先行的了解和选择——比如该展示所需要的空间氛围、尺度、物理环境等等——然后再以此为依据进行展示空间形态的建构。只有展示空间与展示主题的有机复合，观众和展品才能同时参与到博物馆的整体场景中去，这才是最完美的艺术呈现。

根据展示主题的不同，博物馆的展示空间一般分类见表7-1，它们是博物馆空间的主体形态，博物馆的复合化空间结构将围绕着对这些主体展示空间形态的组合而展开建构（图7-23）。这些主体形态之间会出现交集，因此同一个博物馆的主体空间可能会呈现不同的形态，但往往由其中一种空间形态为主导。比如侵华日军南京大屠杀遇难同胞纪念馆就是以叙事空间为主导，兼有原貌空间以及特殊空间的呈现（图7-24）；又或者一些展示当代艺术作品的博物馆以无墙空间为主体空间形态，但同时也需要对局部空间形态进行特殊处理以满足特殊尺度或需要的艺术作品的展出。

基于展示主题的博物馆展示空间分类   表7-1

展示空间类型	空间特征及适用博物馆类型	实例
背景空间	适合需要具有客观、中性的空间氛围的档案类、画作、摄影类的博物馆	布雷根茨美术馆、盖蒂中心、广东美术馆
无墙空间	适合需要无分隔大空间的艺术类、自然科学类、技术类的博物馆	沃尔夫斯堡科学中心、日本名古屋市科学馆
叙事空间	适合需要空间序列作为参观线索的历史事件类、纪念类的博物馆	侵华日军南京大屠杀遇难同胞纪念馆
原貌空间	适合需要原貌重现的遗址类、文物珍品类、生态景观类博物馆	卢浮宫、陕西秦始皇兵马俑博物馆、梭戛生态博物馆
特殊空间	适合需要配合以超尺度、夸张的空间表现的当代艺术类、特殊事件类博物馆	泰特现代美术馆、柏林犹太人博物馆
通用空间	适合需要灵活可变空间的特展类、综合类博物馆	今日博物馆、仙台媒体中心

图7-23 不同主题的展示空间

（a）背景空间——盖蒂中心展厅；（b）无墙空间——某科技馆展厅；（c）叙事空间——侵华日军南京大屠杀遇难同胞纪念馆的冥思空间；（d）原貌空间——卢浮宫展厅；（e）特殊空间——柏林犹太人博物馆的冥思空间；（f）通用空间——今日美术馆展厅

来源：（a）（b）：转引自蒋玲主编.博物馆建筑设计 [M].北京：中国建筑工业出版社，2009；（c）方案文本；（d）flickr.con；（e）Cityup.org

图7-24 侵华日军南京大屠杀遇难同胞纪念馆——空间序列中的特殊空间和原貌空间

（a）总体模型；（b）入口空间；（c）广场空间；（d）悼念空间；（e）遗址空间；（f）祈福空间

来源：侵华日军南京大屠杀遇难同胞纪念馆方案文本

7.3.2 组织空间结构：公共空间与主体空间复合

公共空间为观众的观展行为，以及为因观展行为而连带产生的如学习、社交、活动、消费等其他行为提供服务，因此也被称为博物馆的服务空间。尽管公共空间不是博物馆的主体空间，但其重要性不但在于公共空间对多种功能的包容力，还在于公共空间更易于创造出丰富的层次变化——要让博物馆更具魅力，吸引公众周而复始地回到博物馆，公共空间塑造的成功与否十分关键；除此以外，如果说展示空间是博物馆空间的主体，那么公共空间就是联系主体展示空间的骨架。展示空间与公共空间通过一定的组织原则和组织形式进行复合最终形成博物馆的主体空间结构。

博物馆主体空间结构的组织需要遵循以下原则：

原则一：综合博物馆所在的城市环境要素——如地域气候、城市文脉、基地条件等实际因素——进行公共空间骨架形式的选择。

原则二：以博物馆观众的各种行为作为主体空间结构的组织依据；比如：有的观众在博物馆中参观，有的仅仅是在博物馆用餐；有的观众在中庭休息思考，有的在参与其中的社区活动；有的观众专门前往位于商业中心的博物馆，而有的可能是在消费购物之后才顺便到访……可见，观众行为的多样化，除了观展行为以外，由于其他因消费、社交、活动等产生的一系列衍生行为同样会对主体空间结构产生影响。

原则三：结合功能拓展的空间需求形成公共空间体系：博物馆的功能拓展要求公共空间具备更大的包容力，像休闲消费空间、学术研究空间中的阅览空间，以及博物馆与外界各种组织的合作交流所需要的弹性预留空间，均应该在博物馆主体空间结构的组织过程中与公共空间体系有机复合。

结合组织原则，博物馆的空间结构主要呈现以下 5 种形式（图 7-25）：

中心式　　　　环绕式　　　　并置式　　　　混合式　　　　一体式

图 7-25　博物馆公共空间与主体空间复合的五种主要形式

1）中心式共享空间结构

中心式共享空间结构是以展示空间围合出公共空间体系所形成的空间结构形式，其可以追溯至博物馆的"庙宇式"空间，算得上是博物馆"原型"的发展。

大英博物馆的中庭由外围的展示空间围合而成，以面向公众开放的图书馆为中心向外扩展，成为一个集交通联系、集散、休憩、活动、阅览、用餐、购物等多种功能于一体的公共空间体系，这就是典型的中心式共享空间结构。除此以外，1828 年建立的柏林老博物馆也遵循了这种在当时被广泛模仿的空间结构形式（图 7-26）。

中国国家美术馆新馆的 OMA 团队设计竞标方案沿着建筑中心的共享空间通过 4 个核心筒向上升起了一个立体的公共空间体系，这个公共体系自上包含了多个开放层，分别是：地下层的公共服务和艺术品市场，首层的共享中庭，中高层的图书馆以及位于最顶层的餐厅；

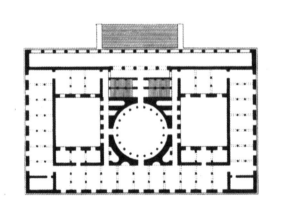

图 7-26　柏林老博物馆平面

来源：维多里奥，安格里主编.世界博物馆建筑 [M].沈阳：

辽宁科学技术出版社，2006

同时还利用结构作为夹层形成了学术研究用房和内部办公用房。围绕在这个中心公共体系周围的就是美术馆的主体空间——展示空间（图 7-27）。整个美术馆的空间结构处于一种简洁而严谨的逻辑当中。

2）环绕式廊道空间结构

与中心式共享空间结构相反，环绕式廊道空间结构是以公共空间体系围绕主体展示空间的博物馆空间结构形式。从以下典型案例均可发现，通透性外墙的运用是环绕式廊道空间结构中的常用设计手法，它相当于向外部环境借景，让观众在体验休闲与服务的同时也可以欣赏城市的美景。

图 7-27　中国国家美术馆投标方案剖面

来源：根据原功能剖面图改绘

　　金泽美术馆和斯图加特艺术博物馆，这 2 个一圆一方的博物馆都把外层玻璃幕墙与中部展示空间之间所形成的圈廊作为博物馆的公共服务空间。其中，金泽美术馆的圆弧形玻璃立面让室外的自然美景朝视线的两端无限延伸，同时人在公共廊道的活动成了立面元素的一部分；而斯图加特艺术博物馆则让观众在观展之余能透过通体的玻璃幕墙立面一览无遗地俯瞰美丽的城市：夕阳之下是喧闹的城市商业街，巴洛克式的教堂，别致的建筑以及远处层叠的山峦……（图 7-28）。

图 7-28　环绕式空间结构的博物馆举例

（a）、（b）金泽美术馆；（c）、（d）为斯图加特艺术博物馆

来源：（a）、（b）转引自蒋玲主编．博物馆建筑设计 [M]．北京：中国建筑工业出版社，2009

上海世博会中国馆的国家馆内部空间同样也采用了环绕式廊道结构形式：中部立体叠起了3层主体展示空间，通过分布于四角的结构兼交通筒体支撑和联系，环绕四周的是连续的缓坡型公共廊道，为观众提供了集散、休闲、观景的平台（图7-29、图7-30）。

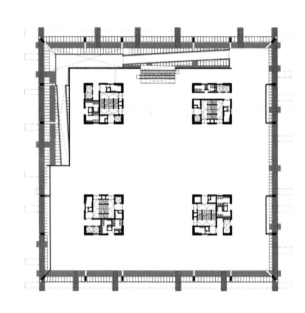

图 7-29　国家馆 49.5m 标高平面

来源：中国馆方案修改文本

图 7-30　国家馆的公共廊道

来源：照片由宋江涛提供

3）并置式引导空间结构

并置式引导空间结构是指博物馆的主体展示空间与公共空间体系之间基本呈现平

行的关系，博物馆整体的空间流线由公共空间体系引导，亦可以理解为公共空间体系对主体展示空间的串联。

保罗·克利美术馆位于瑞士的伯尔尼，美术馆的建筑通过地景的设计手法与周边的山形和乡间环境取得和谐，3座人工"山丘"分别是展示空间、研究中心以及若干个不同大小的学术讲堂，它们通过一条公共廊道相连，而廊道里包含的服务、休息、餐饮空间则作为该狭长空间中的节点而起到了空间引导的作用。宁波帮博物馆以水作为空间的线索，同时让博物馆的公共空间体系结合水景节点的展开而形成建筑空间主轴，随着单元式展示空间的有序切入，呈现出一个紧密结合、逻辑清晰的博物馆空间结构。除此以外，东京国立新美术馆也是并置式空间结构的典型代表（图7-31）。

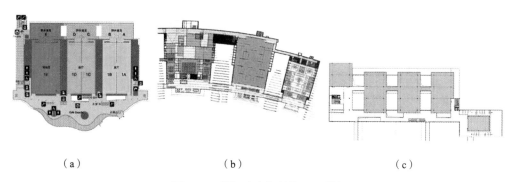

（a）　　　　　　　　（b）　　　　　　　　（c）

图 7-31　并置式空间结构平面举例

（a）东京国立新美术馆；（b）保罗·克利美术馆；（c）宁波邦博物馆

来源：（a）来自 flickr.com；（b）来自 伦佐·皮亚诺工作室. 保罗·克利美术馆 [J]. 世界建筑，2006（09）；（c）来自宁波帮方案文本

4）混合式互动空间结构

混合式互动空间结构与本书 7.2.3 节提到的博物馆混合空间具有相同的特征——主体展示空间与公共空间体系存在同一个大空间里，相互之间的空间界线模糊化，甚至不存在边界。考虑到由于资讯服务、休闲消费等功能的复合所可能对观众观展产生的干扰，混合式互动空间结构适用于对展品的保存、展示环境的氛围和安静度无严格要求，以及强调观众互动参与的展示主题；像 7.2.3 节中举例的产品展示类——保时捷博物馆、自然科学技术类——沃尔夫斯堡科学中心，或者是综合性社区艺术中心——仙台媒体中心等类型的博物馆，就较为适合采用混合式互动空间结构（图7-32）。

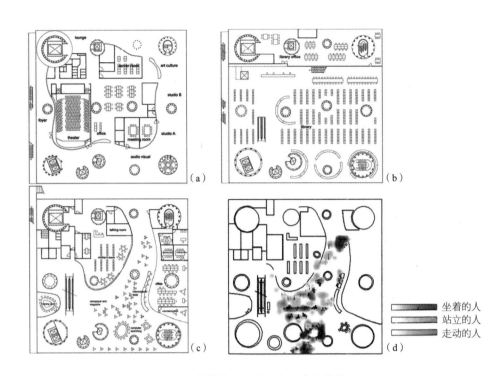

坐着的人
站立的人
走动的人

图7-32 仙台媒体中心的混合式空间结构平面

（a）7层平面；（b）3层平面；（c）2层平面；（d）设计师对观众行为的研究，结果发现：在管状柱周围或稍有
光影的地段常有更多的人在停留

来源：伊东丰雄建筑设计事务所.建筑的非线性设计——从仙台到欧洲 [M].北京：中国建筑工业出版社，2005

5）一体式叙事空间结构

一体式叙事空间结构是展示空间与公共空间体系合二为一呈现展示主题的博物馆空间结构形式。适用于事件性纪念类博物馆的一体式叙事空间结构注重空间与展示意境的相融，尤其是强调连续性空间情景的塑造，因此在设计中往往需要对在观展流线中插入的各种休闲服务功能的氛围处理，同时要把握好室内外空间或者光感的交替，并尝试把外部环境纳入整体的空间叙事线索中。

案例7-8 侵华日军南京大屠杀遇难同胞纪念馆

侵华日军南京大屠杀遇难同胞纪念馆扩建项目并没有把对事件的呈现仅仅局限于新建纪念馆内部，而是在对整个基地现状进行统筹分析之后，结合原已存在的旧纪念馆和遗址现场，呈现出一条新的空间叙事序列：通过纪念广场、新建纪念馆、旧纪念馆、旧馆庭院、遗址现场、冥想厅、和平公园这一系列建筑及外部空间和观展流线的交替和串联，形成了包含"序曲"、"铺垫"、"高潮"、"尾声"的完整的叙事篇章。

纪念馆的扩建采用了一体式叙事空间结构，让基地内新、旧建筑的关系以及室内外场地的过渡通过连续的空间序列实现了整合和统一，在这个空间序列中，展示空间与公共空间融为一体。在新建纪念馆内部的休息空间中注重了气氛的延续，而观展过程中几次的室内外空间交替则让观众得到情绪上的适度缓解，尤其是作为"寄予希望"的和平公园更是提供了一个抒怀、轻松、充满绿色希望的休闲环境，观众在这里调整悲惨事件所引起的压抑情绪，重新思考和平的深层意义（图7-33）。

图 7-33　纪念馆中与展示内容和气氛相融合的各处公共空间

7.3.3　联系城市空间：公共空间与城市空间复合

博物馆复合设计策略始于城市的视角，在经历从宏观到微观的逐层深入之后，通过复合化的空间结构组织又重新回归博物馆与城市空间的关系之上。这说明博物馆与城市空间的关系并非设计一个解决集散交通问题的广场，更非对规划条款的被动遵循就能达到融合。博物馆空间与城市空间复合的实质是通过具体的设计措施让博物馆的公共空间体系成为联系城市空间的媒介，正是在这个媒介的作用之下，实现博物馆内部空间与城市外部空间的有机复合，从而形成一个提供公共服务、容纳城市生活、优化城市的环境品质以及空间格局的整体公共活动空间体系。这个复合的过程可以涉及博物馆的功能、空间的设置以及细部处理3个主要方面的设计措施。

1）功能设置：首层开放的"城市客厅"

标识清晰的出入口以及能解决基本人流集散问题的广场是判断博物馆功能设置是否合理的基础，然而仅仅把问题留在室外解决并不足够，博物馆首层功能的面向城市开放也是博物馆与城市得以完美接壤的关键。因此，除了在入口以外设置城市广场以外，博物馆还应该适当开放一定面积的首层区域作为"城市客厅"，一方面作为观展人流的缓冲地带，另一方面也起到了接纳城市人流的作用。

德国历史博物馆的旧馆和新馆的首层大堂通过地下的过厅相连接，同时向城市免票开放并提供了休息停留的空间，这样即使是不参观展览的市民或普通游客也可以在大堂中休息、聊天或者自由穿越，这个面向城市开放的首层空间俨然一个"城市客厅"。

斯图加特国立美术馆设置了一条穿越其中央圆形庭院的城市步行道，为往来于两个地块的公众提供了便利，使博物馆的内部庭院成了一个向城市开放的公共活动空间，或者也可以说，是博物馆观众和城市公众共享了城市空间（图7-34）。

除了开放首层空间以外，博物馆还需要在这个"城市客厅"里配置一定的服务功能，因为只有让公众在空间里"有所为"，他们才愿意停留，空间开放性的价值才真正得以体现；在此基础上，通过设计手段让这些功能可以更为便利地为参观者以及非参观者所使用也十分关键，比如很多西方的博物馆都把餐厅、咖啡馆、纪念品商店安排在首层并临街而设，大多数设置独立出入口，公众无需经过博物馆的正门而进入其中，为大量的非参观者带来了消费的便利，同时也因此而吸引了可观的消费额。悉尼博物馆、斯图加特艺术博物馆、保时捷博物馆、奔驰博物馆等在首层的消费空间都采取了以上直接面向城市开放的布局方式（图7-35）。

图 7-34 斯图加特国立美术馆的城市通道 　　　图 7-35 悉尼博物馆的沿街咖啡馆

2）空间形态：容纳城市活动的灰空间

作为城市公共空间的重要组成部分，博物馆与城市的复合需要为城市提供能容纳公众活动的空间，并且这些活动可能与博物馆本身并无直接关系——除了参观、听讲座，或者用餐、喝咖啡，公众在博物馆的活动还可以是散散步、看看书、聊聊天等一切有可能进行的日常生活行为。对此，灰空间的设置是众多博物馆设计中的常见手法，像尼姆艺术广场的多层休闲平台以及卡迪亚当代艺术基金会总部的架空首层，就被认为是"复兴社会生活和城市空间结构的强有力的催化剂"（图7-36）。❶

❶ 福斯特及合伙人事务所. 艺术广场，尼姆，法国 [J]. 世界建筑，2006(09): 69。

（a）　　　　　　　　　　　（b）　　　　　　　　　　　（c）

图 7-36　容纳公共活动的博物馆灰空间

（a）、（b）尼姆艺术广场；（c）卡迪亚当代艺术基金会总部

来源：（a）、（b）来自 福斯特及合伙人事务所 . 尼姆艺术广场 [J]. 世界建筑，2006（09）；（c）来自 让·努维尔
. 卡迪亚当代艺术基金会总部 [J]. 世界建筑，2006（09）.

　　然而，当一个灰空间不具备积极的元素，它就会像沃尔夫斯堡科学中心的架空首层那样成为一个反例：尽管设计者的初衷应该是让架空层成为城市空间的一部分，但实际上过大的投影面积杜绝了阳光的入射，深灰色的混凝土更增加了空间的昏暗，再加上缺乏功能和设施的配置，最终导致这里空荡无人（图 7-37）。

图 7-37　灰空间的失败案例——沃尔夫斯堡科学中心

案例 7-9：积极的城市灰空间·墨尔本博物馆

　　墨尔本博物馆在其入口立面设置了一条钢结构的巨型长廊，把公众从繁忙的城市主干道引导至博物馆的主入口；除了起到标志性构筑物的引导作用以外，这条钢结构长廊之下还容纳了各种各样丰富的市民活动：年轻人在玩滑板，成群的女孩在谈笑风生，

一家大小在共享天伦，还有些人坐在长椅上充当鼓掌的观众（图7-38）。

作为一个成功的灰空间案例，墨尔本博物馆的入口长廊正是具备了以下4个因素：

（1）长廊的盖顶起到了一定的遮阳挡雨的作用，这在夏季太阳辐射极强并且多雨的墨尔本无疑是一种对地域气候的积极的设计应对。

（2）长廊"倚靠"博物馆主体，拥有一定的围合界面，而且密度适中的立柱也很好地限定了空间。环境心理学和行为学的相关研究指出，比起四周空旷的平地，有着一定围合界面的场域往往更容易让人们停留和放松，因为在那里他们能找到归属感和安全感，不少设计师也通过在开敞空间中设置墙面、高差、构筑物等，又或者通过让建筑物体形与城市的交接形成负空间，以达到营造空间围合感的目的。

（3）长廊具有适宜的尺度，足够的面宽和深度，能容纳多种活动——如看书、行走、滑板——的同时发生而不相互产生干扰。适宜的尺度跟围合感的营造也关系密切，积极的空间往往两者兼备，那些充满活力的欧洲小尺度广场就是很好的例子。

（4）长廊与外界沟通自如，除了一面与博物馆主体紧密相连，其余面均完全面向城市打开，公众在室外—半室外—室内的空间中自由穿越，而闲坐静止的人也可以透过通透的立柱界面眺望广场上的活动以及更远处的风景。

图 7-38　墨尔本博物馆入口的巨型功能活动走廊

3）细部处理：柔性的城市界面

柔性界面指的是通过形体、空间的变化或者构筑物的设置形成具有凹凸、层次、虚实等的轮廓界面，而硬性界面则一般指笔直的、无变化的界面。环境心理学和行为学认为建筑的硬性界面只宜短暂的进出行为，而柔性界面则有利于人群的聚集进而发生各种活动。❶柔性边界是空间开放性的关键，因此，对博物馆与城市接壤的界面进行柔化是让博物馆空间与城市空间复合的重要措施，其中柔化的方式多种多样，应该在设计过程中根据实际情况进行。

❶ 杨·盖尔. 交往与空间 [M]. 何人可译. 北京：中国建筑工业出版社，2002: 187。

比如，通过细部设计弱化博物馆室内外的过渡是其中一种柔化边界的手法。位于柏林勃兰登堡门广场边上的一栋不知名的市民综合活动中心，其首层以整体缓坡地面的形式取消了室内外高差的惯常做法，在不知不觉中把人从室外引导至室内的咨询空间，这是一种柔化室内外分隔的细部处理手法。

另外，以连续台阶作为建筑的入口界面也能对边界起到柔化的作用——当然，那些直接面向繁忙、杂乱的街道的例子往往起到反效果。真正能让人群聚集停留的连续台阶需要具备以下条件：①面向内部庭院或者以步行为主的城市空间（图7-39）；②与建筑的柔性边界结合设计，特别是与建筑的灰空间或者负空间结合；③通过细部处理对连续台阶的本身进行柔化，比如结合绿化、坡道、步级尺寸的变化等营造趣味性的休息空间。

图 7-39　纽约大都会美术馆的入口台阶

来源：sinovision.net

7.4　复合化空间模式的意义

博物馆的复合化空间模式的提出目的是适应复合化趋势下的博物馆功能以及观众体验的拓展，有利于当代博物馆在空间问题上的解决和优化，同时也是复合化城市网络和复合化功能定位的实践和延伸。

1）有助于实现各种博物馆体验的复合共融

步入"体验经济时代"，从购买有形的消费品转向花钱买感觉,对于本身就是输出美、理念、价值、知识、文明等意识形态的博物馆而言，更应该重视观众的体验经历。观众希望在快感中得到精神和知识的提升，所以观众要求在博物馆中获得的体验并不是唯一的。复合化空间模式致力于把多种体验——通识体验、休闲体验、遁世体验、衍生体验——巧妙地复合共融，为观众带来舒适感、满足感和最独特的回忆。

2）有助于强化博物馆空间对于发展的适应性

博物馆发展的复合化趋势让当代的博物馆与城市在空间与社会服务方面的结合度大幅提高，让博物馆的运营以及展示在理念和实践上发生了变化，由此带来了博物馆内部功能以及社会功能的拓展。卢浮宫博物馆、大英博物馆、纽约大都会博物馆等这些世界顶级博物馆都以实际行动说明：复合化趋势之下，博物馆的空间必须告别功能单一、固定、"以物为本"的传统，呼唤一种复合、可变、"以人为本"的新模式，而这些正是复合化空间模式的中心思想。

3）有助于在有限的条件下提高博物馆空间的使用效率

强调空间的使用效率是由于博物馆的功能拓展让越来越多的社会公共活动进驻博物馆，但基于用地和经济投入的限制，不可能以无限制地扩大规模来作出回应；因此，复合化空间模式的具体措施实际上是在有限的条件下提高空间使用效率的手段，同时还兼顾解决在此过程中可能出现的种种实际问题，比如服务空间和设施配套的完善程度，各种流线相互干扰的可能性，商业操作对博物馆文化气质的影响等等。

4）有助于建立博物馆空间形式的内在逻辑

当代的博物馆被看作地方的文化象征，容易因为过分追求视觉冲击力或者空间的独特性而导致以功能迁就形式。有的博物馆造型充满震撼力，却被证明不利于展品的观赏，或者被诟病影响了当地居民的日常生活。"复合"实际上是在综合分析各种影响要素——环境要素、观展行为、功能拓展、空间发展——之后而建立的一种博物馆空间设计的内在逻辑，它有利于避免过多"无理由空间"或者"纯形式空间"的出现。但这并不是代表绝对的功能主义，相反，理性的内在逻辑也可以成为设计灵感的来源。就像巴黎蓬皮杜艺术文化中心，正是其强烈的设计逻辑所带来的技术与形式的完美统一，满足了中心作为多功能文化综合体的角色，并让 20 世纪的精神得到了贴切的诠释。

第八章 复合化设计策略的支撑体系和实践展望

复合化设计策略对当代博物馆发展趋势的适用性有待实践去检验，而建立一个有洞见力、开放和完善的支撑体系更是实现这一切的基础，这需要博物馆的决策者、投资者、管理者、设计者、执行者以及使用者的共同努力。与此同时，复合化趋势的其中一个主要体现——博物馆社会职能的扩展——要求博物馆的设计在不同的阶段体现出一定的社会责任感，例如对城市的公共文化发展、环境现状、集约化资源整合，以及文化创意产业链的运作等方面均应该给予充分的关注和思考；这些关注和思考为当代博物馆的发展带来了新的着力点，同时也引领着当代博物馆设计理念的发展方向。

8.1 博物馆复合化设计的支撑体系

8.1.1 管理机制的完善

一个博物馆的战略规划的成功执行，需要以强大、完整和充满激情的行业管理系统为基础，并在其带动下所营建的一个融洽的合作环境，把各种力量整合成一个更有效率的整体。完善的行业管理机制是博物馆复合化设计策略得以实施的基础环境。

中国的国有博物馆虽然大致可以归在国务院文物行政部辖下，但却没有专门、统一的部门站在整体艺术发展的高度对全国各级博物馆的运营资金实施合理统筹的拨款或者减免税收等政策；而大多数民营博物馆由于没有统一的管理部门，没有适应发展的优惠政策，其公益性身份难以得到公众的认识和信任。总的来说，中国博物馆行业的管理现状就是：行政管理有待整合，行业法规有待建立，扶持政策有待加强，资源分配有待平衡。缺少完善的行业管理系统，中国的博物馆充其量只能在某个时期、某个地区、某个展览中创造出有限的社会影响，而不可能通过持续的营建而造就出高品质的中国博物馆文化格局。在这样的环境之下，复合化设计策略的作用难以持续有效地发挥。

博物馆行业管理机制的完善程度应该体现在两个方面的保证：①保证博物馆对公众和社会的公益性服务；②保证博物馆自身的可持续发展。博物馆的复合化设计策略与这个核心思想相符，其与博物馆的行业管理理念实际上是相辅相成的关系：复合化设计策略有利于博物馆行业的优化，而完善的行业管理又为复合化设计策略的不断更新、深化、发展提供了先决条件。

8.1.2　发展规划的导向

成功的开发、计划、管理和设计策略始于一套明晰而整体的战略规划。所谓战略规划，简单地说就是制定组织的长期目标并将其付诸实施，并不断地完善与深化之。博物馆运营是一个完整的整体，其战略规划的制定首先是在博物馆的发展方向及目标上达成共识。这一步的完成必须以公众和社会的需求为前提。然后，在对相关资源的合理操控下形成实施计划，并运用严格的程序评估和通过计划文本。最后，在实施战略规划的整个过程中，不断地紧扣博物馆对公众和社会的使命，并根据运营环境的改变进行调整和重新定位。博物馆的战略规划需要与城市的总体发展规划、公共空间体系规划以及文化规划紧密结合、相互带动，也需要每一位博物馆的决策者、投资者、管理者、设计者、执行者还有使用者为了实现目标而付出努力，把理想变为行动，把行动转化成有效的成果。博物馆战略规划的制定有利于复合化设计策略的作用得以按部就班地施展。

当代中国大多数的博物馆都缺乏一套整体而切实的战略规划，许多博物馆对自身的发展规划缺乏宏观长期的视野，对公众和社会的需要置若罔闻，也对博物馆事业的发展条件认识不清。相当一部分热衷于政绩的博物馆工程只追求外在形式的气势磅礴，脱离本质使其对城市环境和公共生活质量的改善贡献甚微；另一方面，每个城市宏伟的城市总体规划目标也显然没有对以博物馆为结构节点的文化网络覆盖表现出应有的重视。当代的博物馆要成为具有吸引力的文化品牌，除了让人过目不忘的造型以外还必须拥有许多条件。欧美发达国家众多的博物馆实践经验表明，在一些基本的素质之外，随着时间的推移，观众和社会在服务性、娱乐性和体验性方面的需求会越来越多；而在许多中国城市的博物馆战略规划中，普遍缺乏对完成这方面目标的清晰描述。

博物馆的优秀程度可以从它如何对待观众以及其公共义务来判断。作为城市公共空间的重要组成部分，博物馆应该始终是安全的、干净的、令人愉悦的，是为公众提供服务的场所。在那里，不同阶层的人们可以参观、学习、聚会、休闲、消费，获得体验和灵感，享受公共生活带来的乐趣。这样的情景想象作为博物馆建设及运营的目标，将推动城市的文化和经济发展，理应成为决策者、投资者、管理者、设计者、执行者以及使用者的共识；同时，这样的战略规划与博物馆复合化设计策略的目标是一致的。

在战略规划执行的过程中，决策者往往影响甚至决定了一个博物馆的成败。毕尔巴鄂、伦敦、巴黎、纽约等城市的经验表明，开放而具有远见的洞见力和决策力，是一个博物馆顺利运作并长期履行公共义务的保证。中国的管理体制有利于各方力量的聚集，但博物馆的决策者、管理者在目标执行过程中的沟通、选择、审查及控制能力，也是实现战略目标的关键条件，因此，正确的洞见力和决策力的练就显得十分重要。当然，正确的洞见力、决策力、组织力和行动力少不了以高度的审美能力为前提，只有这样，复合化设计策略才能被认可、发扬、落实并最终发挥作用。

8.1.3 运营思路的拓展

在 2006 年起施行的《博物馆管理办法》中第一章总则里的第四条明确了思想：国家鼓励博物馆发展相关文化产业，多渠道筹措资金，促进自身发展。可见，资金问题是关系博物馆生存和发展的根本问题之一。目前中国的博物馆在收藏、研究、策展、设计品质、人才引进及教育推广等方面存在很多不足，其中资金的缺乏是关键原因。中国第一大馆中国美术馆 2008 年用于收藏的拨款为 500 万元人民币，这个金额甚至无法在拍卖场上买到一幅当代艺术家的画作。[1] 可见，就算是类似于中国美术馆、上海博物馆、广东美术馆这样的大馆，人事支出和基本的行政运营费用有国家负担，每年还有一定的收藏经费，但是国家拨款远远不能完全解决发展的需求，更何况没有任何国家拨款的民营博物馆。因此，博物馆必须打开思路，从而具备一定的获取资金的模式、途径和能力，来配合解决自身发展所面临的资金问题，也只有以稳定的经济来源为基础，博物馆才能发挥其作为一个公益性机构的服务功能。

在这样的基本思想下，博物馆积极把观众、社会以及市场需求作为考量要素及运营管理方式的一个角度，以求争取更多社会资源；它们借鉴企业营销和管理的方法，锁定目标社群，把握推广机会，策划相关的教育和展览活动；并在此过程中增加环境设施、餐饮服务，启动艺术商品的开发等等，这些开放的运营思路丰富、加深和延展了观众的博物馆体验，也因此为博物馆带来更多的观众和收入。

运营模式的转变并不意味着博物馆的任何事务都受金钱和市场的支配。为此，如何在文化维护和商业经营之间取得平衡成了近年来博物馆业界的研究热点，而其判断的标准也备受争议。实际上，判断的关键在于博物馆是否通过商业化的经营模式去赢取私人利润。尽管不排除作为非营利组织的博物馆有赢利行为的存在，但却严禁其将赚取的利润分配给投资者或特定的受益对象；并且在商业经营的过程中不能丧失了博物馆所应该具备的为公众服务的本质和对文化氛围的营造的重视。对此，博物馆复合化设计策略是持相同观点的。

从文化维护的角度，复合化设计策略能通过设计手段对博物馆的商业化程度进行控制和过滤，从而维持博物馆应有的文化品质。从设计配合的角度，博物馆复合化设计策略还能在设计的过程中特别关注博物馆的功能配置、流线组合、空间布局、面积调配等方面是否能适应运营思路的转变，比如增加商业面积，引导消费人流等等。可以说，只有运营思路的开放和转变所带来的博物馆运营的社会化以及因此而出现的博物馆空间的变化，才能真正体现复合化设计配合的价值。

---

[1] 张子康，罗怡. 美术馆 [M]. 北京：中国青年出版社，2009：128。

8.1.4　政府政策的推动

中国城市的公共空间或者用地的开发和管理范畴都受到政府的控制，而强势的政府意志往往导致了博物馆建筑对待城市公共空间的一种被动的态度：在建筑密度最大化的压力之下，博物馆往往在被动地退让城市用地之后就不会主动地通过自身的设计调整为城市创造更多空间。对于博物馆复合化设计策略的实施，规划部门应该实行相关的配合和激励机制，比如对那些为城市创造出更多公共地带的博物馆，或者为一些在自己的商业用地中投资建造公共博物馆的商业开发项目提供更多有利的规划建设条件。地少人多的香港就有很多对商业地块实行以增加公共活动空间为前提条件的规划政策优惠的例子，规划部门可以借鉴这种在商业用地建设城市公共空间的规划激励政策——如奖励容积率、鼓励性用地规划及转移开发权等办法——来鼓励开发商在开发城市中心的商业用地时为公众开发建设包括博物馆在内的更多的公共文化设施，这对于博物馆的复合化城市网络的铺展将是极为有力的推动。广州太古汇大型商业广场的开发中包含一个社区文化剧院的建设，完善了区域公共文化设施的配套，这个商业项目也因此而得到了相关的规划优惠政策。可见，通过市场化手段在有限的条件下为公众创造更多公共利益的例子十分值得博物馆规划的借鉴。

除了以上规划机制的激励措施之外，政府还应该体现在建立适宜非营利组织发展的税收法律体系，扩大优惠税种和税收优惠对象，以及享受捐赠税收扣除优惠的范围和捐赠渠道。美国对于国立博物馆的资金支持和其自筹资金比例为1:1，对捐赠艺术品的给予捐赠品同等价值的免税；而对私立美术馆，则给予更高金额的免税支持，同时促使基金会的大力发展。这些政策积极地促进了美国的国有与民营博物馆的共同发展。❶像美国一样，很多发达国家的民营博物馆都具有体制上的保证，从艺术收藏定位、经费投资到管理运作方式的规范化等，这使小型的民营博物馆具有了鲜明特色。然而在中国，制度的不健全让中国的国有博物馆和民营博物馆之间存在了政策倾向以及资源分配上的不平衡现象，国家对民营博物馆的引导、政策扶持、管理等均处于滞后的状态。

事实上，民营博物馆是中国博物馆行业的重要补充，正是因为民营博物馆的存在，中国的博物馆行业才能如此多姿多彩。以拥有众多民营博物馆的四川省成都市为例，全国首个川菜博物馆——成都川菜博物馆，全国首个蜀绣博物馆——成都蜀绣博物馆，全国收藏标本最多的华西昆虫博物馆，以客家文化为展示主题的四川客家博物馆，以石刻艺术吸引观众的鹿野苑私立石刻艺术博物馆，展现非物质文化遗产魅力的成都中药博物馆……从川菜到中药，成都的民营博物馆队伍呈现出鲜明的个性以及丰富的民间文化艺术含量。因此，政府在引导和加强博物馆自律机制建设的基础上，应该通过相关的政策

---

❶　张子康，罗怡.美术馆[M].北京：中国青年出版社，2009：128。

适当地为博物馆，尤其是民营博物馆争取社会各界多方面的支持，包括博物馆的建设用地、运营资金、藏品获取、各领域之间的合作交流等等。只有在政府政策的大力推动之下，中国的国有和民营博物馆才能均衡发展，相互促进，进一步扩大博物馆复合化设计策略的作用范围。

8.1.5 实践平台的支持

一个博物馆的成功并不仅仅是自身的魅力使然，而是需要众多实践平台的支持。如果没有畅达的交通网，崭新的国际会议中心和音乐厅，壮观的跨河大桥，扩建的港口景观，沿河岸舒适的人行步道，以及新式旅馆、餐厅、购物中心等这些周边焕然一新的基础设施配套，毕尔巴鄂的古根海姆博物馆就不可能拥有如此大量的观众群。同样，如果没有良好的环境，便利的交通接驳，成熟的文化、商业、旅游等产业的基础配套以及齐备的公共设施，复合化设计策略的运用和作用也无从谈起。

除了城市基础设施的配套方面，造就一座高品质的博物馆需要不同部门在不同阶段的共同作用，而博物馆的设计质量则是每一阶段每一部门都需要确保的关键；好的博物馆是一个十分宽泛的概念，一座好的博物馆建筑并不等于好的博物馆，但一座好的博物馆却一定离不开好的博物馆建筑以及各阶段的设计。低水平的博物馆设计往往把视觉冲击力或者所谓的玄乎的概念视为关键要素，而不考虑无形的社会因素；而博物馆复合化设计策略则善于组织复杂的现状，建立一个激发设计思维的创新机制。把城市环境、社会活动、公众生活以及实际运营等因素纳入创作的全过程。

优化博物馆发展的实践平台不只是设计师的自我修炼，成熟的策展机制平台❶对博物馆制度和学术架构的建设同样十分重要，并在精简策展流程、提高效率、节省博物馆运营成本等方面不可或缺。其次，成熟的策展机制能为观众提供尽量客观的展示作品、创造耳目一新的展示形式和保证战略规划的执行质量，其影响力还足以使展览在学术构架中逐步提升并且引导着博物馆甚至当代艺术的发展走向。需要强调的是，成熟的策展机制会充分考虑展览所在的建筑或场所的空间特点，从而对空间和展示之间的互助关系有良好的把握，这与复合化设计策略的核心思想是一致的。

事实上，博物馆的决策者、投资者和管理者的专业素养甚至比以上的实践平台更为重要。在不同阶段中选取高水平的博物馆设计和实施方案，就是博物馆的决策者、投资者和管理者需要练就的品位、眼光和能力。除此以外，施工技术，各种材料、设备、配件的生产技术，以及运营管理水平的提高也是把复合化设计策略的核心思想完美而真实地呈现出来的实践途径。

❶ 作为博物馆学术机制的一部分，博物馆的策展机制是指为保证博物馆学术立场与实施策展理念而制定的博物馆展览的决策与管理系统，包括策展方式、展览通过程序、各类型展览的比例权衡、不同展览的不同应对机制与解决方案等。参考：张子康，罗怡. 美术馆 [M]. 北京：中国青年出版社，2009：71。

8.1.6 合作环境的融合

建起一座好的博物馆不仅是建筑师、规划师、景观师或者展陈设计师的职责，而是不同领域的人们通力合作的结果。营造融合的有效率的组织、合作以及公众参与的环境，应当成为所有博物馆相关领域专业人士的共识。其中，各阶段各部门之间的交流合作是营建博物馆合作环境的关键要素。每个部门必须对博物馆的建成目标达成共识；每一个阶段的工作交接必须有充分的沟通；管理和维护不应该仅限于博物馆本身，博物馆周边以及所在社区的环境和设施也同样需要管理和维护，因为良好的城市环境和配套能大大地提高博物馆的品质和吸引力。因此，不同部门在不同阶段之间的广泛合作不可或缺。

除了相关政策的支持和有效率的合作以外，公众参与也是博物馆合作环境中不可缺少的要素之一。长期以来，中国体制下的公众参与意识、形式和内容均有待发展。博物馆复合化设计策略坚持把鼓励公众参与的思想贯彻进设计的所有阶段，从策划定位，规划选址，建筑的功能流线、空间布局和细部构造，展示的理念、形式和内容等等有意识地营造可供交流的空间和氛围，唤起公众的参与意识。

总之，当代博物馆的复合化发展不仅仅关系到博物馆的行业运营和博物馆的设计层面，它与城市整体的经济、政治、文化、空间结构、管理结构、产业结构等方面的发展有着密切的联系，需要全社会各个领域的共同配合；而只有在融合的合作环境中，配合博物馆复合化发展的设计策略才能广泛而持续地施行和显现成效。

8.2 博物馆复合化设计的发展展望

8.2.1 规模的多层分级

根据实际需要而对大、中、小博物馆规模的均衡建设结合城市的公共文化布局、博物馆的展示主题和开发模式等进行统筹规划，是博物馆设计对城市土地资源有效利用的一种配合方式。当代中国的博物馆发展不能仅仅依靠量的增加，博物馆规模的大小并不会与博物馆的品质画等号；相反，忽视品质的盲目增建往往会带来更多的问题，如选址不合理、基础配套未完善、藏品数量及质量的不到位等等，这些反而会对博物馆的发展造成消极的影响。

面对城市中心用地普遍被高密度开发的现状，传统的低密度建设模式已经成为制约当代博物馆发的一个极大的因素。复合化设计策略立足博物馆建设规模的总体均衡的基础上，提倡一种"小而专"以及"非独立"——规模小、专题性强、与其他用地或建筑混合使用——的博物馆发展模式，这种博物馆开发和运营模式更能适应城市的高密度生活，是在有限资源下的集约化发展，同时也能为城市带来更多更好的公共服务设施配套。欧洲博物馆文化之所以繁荣兴盛，除了光芒四射的明星级大型博物馆的强大推动力之外，那些在数量上占绝大多数的在城市不同空间中"见缝插针"的中、小型博物馆、艺术展室、画廊也功不可没。

在对这种与城市结合更为紧密的"小而专"博物馆的发展规划中，除了鼓励其发挥在资源有效利用方面的优势之外，还应该引导其成为民俗、艺术、专题类展示主题的主要传播载体。像版画美术馆、纸博物馆、陶瓷博物馆、扇博物馆、人形美术馆、写真美术馆、家具博物馆、玻璃美术馆等，这些以民俗民艺为展示主题的小型博物馆收藏着丰富的传统民间艺术品，这在一定程度上填补了中国艺术、专题类博物馆的不足，同时博物馆本身也成为进行传统文化教育的极好场所，是对历史的一种延伸。这方面，日本作为世界的收藏大国，它对中小型地方民艺美术馆的开发模式值得中国借鉴。

8.2.2 空间的多维发展

当代城市中心的高密度现状导致了城市公共空间的高度缺乏，因此建筑设计开始关注空间的多维度发展，尤其是对城市纵深空间的开发利用——把建筑空间设置在地下或者高层建筑中。而对于作为空间形式最为灵活以及采光方式可有多种解决方案的博物馆，尤其是位于拥挤的城市中心的博物馆，更应该根据实际条件，并结合对地下交通空间、地下及高层商业空间的统一规划，鼓励其对城市纵深空间进行开发和利用。

六本木的森美术馆就是位于综合街区中的高层博物馆；改建后的卢浮宫充分利用了地下空间作为交通集散、观众服务的场所，这里布置了商业街、餐厅、咖啡厅、快餐店和停车场，并能通往城市的购物中心。实践证明，合理地利用城市纵深空间能为博物馆及其所在区域带来共同的发展提升。

不少设计理念认为通过对地景设计手法的运用，把博物馆藏在地下将有利于解放更多屋面空间作为绿化空间和公共活动空间。除了这种基于高效利用城市空间的出发点以外，博物馆对城市纵深空间的开发利用还是出于一种对城市环境、文脉的尊重。

案例 8-1：地下空间的利用

尼姆的艺术广场建于具有强烈历史特征的城市街区中，为了与相对而立的梅森卡里——一座保存完好的罗马时期的神庙——建立起对话，艺术广场把 9 层体量的一半置于地下（图8-1），力求在尺度上与所在历史环境取得协调。其中展示空间被布置在地上以获得充分的自然采光，同时入口区域的相关服务空间也保证了便捷的可达性，而地下空间则多数为档案室、影院等不需要自然采光的房间。

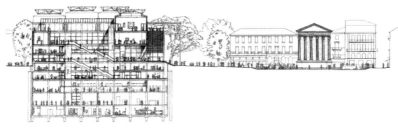

图 8-1 尼姆艺术广场通过利用地下空间表达对文脉的尊重

来源：福斯特及合伙人事务所.尼姆艺术广场[J].世界建筑，2006（09）

另一个案例侵华日军南京大屠杀遇难同胞纪念新馆位于城市中的狭长地带，为把对周边环境的影响降到最低，设计把大面积的展馆隐藏在地面之下，而地面之上则形成一个缓坡面，避免了巨大的建筑体量给城市造成突兀的空间感受；同时，随着博物馆的免费开放，缓坡面也成了人们集会、休息、思考的特殊公共地带（图 8-2）。

图 8-2 纪念馆通过利用地下空间为城市提供活动空间

来源：晏忠提供

相比起地上建筑空间，地下空间的建造和运转牵涉到诸多方面的技术和工艺，地下空间对采光和物理环境的控制尤为关键。尽可能争取自然光照，以及采取更多的主动式调控手段维持舒适的内部物理环境，成为很多博物馆地下空间的设计与建造的基本措施。侵华日军南京大屠杀遇难同胞纪念新馆的缓坡屋面高出地面的部分正是室内休息空间的所在，因此设计组为这个休息空间设置了来自高处的自然光照。事实证明，自然采光能够满足人们对各种自然信息感知的心理需求，尤其是在地下空间，更有助于在明确的导向性和体验的丰富性之间获得平衡，并能结合空间的合理组织避免使用者紧张、恐惧和单调等不良心理感受的产生。而对于无法获得自然光照的情况，如今的技术依然能利用光导纤维和反射镜组，将日光和地面的景观通过镜像引至地下。

8.2.3　资源的多样利用

当代博物馆发展对资源的多样利用主要是指博物馆通过一系列维护修复技术，与遗址建筑、已有建筑、废弃建筑等进行新旧的复合或者功能置换。这同样是一种节约资源和高效利用资源的表现，有利于对有价值的历史建筑的保留；另一方面，由于不需要新辟专属的建设用地，因此有利于博物馆建设量的增加。

案例 8-2：废旧资源的利用

科隆的科伦巴天主教博物馆对一座断壁残存的教堂遗址进行再利用，现代的结构加固和墙身维护技术实现了新旧外墙材料在直接相触中的合二为一，并通过梁柱把新的展示空间架起在上面，保留了原教堂空间的完整性。

东京原美术馆的前身是建筑师渡边在 1938 年设计的私人住宅，之后经过修复改建作为美术体验和展览空间并为观众提供了休憩的场所。相比起许多大规模的博物馆，原美术馆的展示面积小而有限，然而通过老住宅作为空间气氛的基调，使美术馆在展览、空间以及艺术现场等方面的体验营造有着与一般博物馆完全不同的艺术效果。

悉尼岩石区的当代艺术博物馆进驻的是街区中的一栋老建筑，博物馆的首层大厅向公众开放，并成了连接滨海大道和岩石区商业街之间的城市过厅。除了在顶层设置了可眺望海湾的远近驰名的 MCA 咖啡馆之外，博物馆还在首层大厅的两旁腾出了商铺空间，延续了所在街区街道的商业界面。

圣玛丽亚医院的修复和再利用项目是把意大利锡耶纳的一栋 20 世纪 90 年代末停用的医院综合体改造成一座考古博物馆，其中还包括临时展场、修复工作室、档案中心，以及提供服务的各项设施，如酒吧、餐厅、自助销售等。在修复过程中，建筑师非常重视保存这栋 20 世纪初的宏伟建筑的特征，对一些富有浓郁新文艺复兴风格的建筑构件进行去湿、清洁和加固处理，并希望通过设计一条流线组织各种能展现场所特征的空间场景，展开丰富的展示序列，同时也让现代的建筑语言渗透其中（图8-3）。❶

图 8-3　圣玛丽医院的修复和再利用

来源：圭多·卡纳里.圣玛丽医院的修复和重建 [J].世界建筑，2006（09）

事实上，像以上列举的博物馆利用废旧资源的案例多不胜数；当博物馆与旧建筑（非文物）复合的时候，如何发掘该建筑以及其所在环境的特点，并把这些特点与博物馆的文化艺术品质巧妙融合是设计师应有的素质。

8.2.4　技术的多元配合

由于承担了营造遁世体验的责任，当代的博物馆比一般的建筑更需要得到各种技术的配合以及从技术的进步中取得设计的灵感。建筑结构、设备和材料等技术的不断突破和成熟为特殊的空间形式和复合的空间秩序在建造、运营、维护和管理等方面提供了更多可能性和可行性；同时，各种实际操作方式的更新也让博物馆的发展更具自由度。因此，博物馆复合化设计还涉及建筑结构、构造、物理、材料、施工等各种相关建造技术的配合，这个过程需要充分考虑其对复合化空间的适用性。比如为无柱、大跨度空间

❶　圭多·卡纳里.圣玛丽医院的修复和重建，锡耶纳，意大利 [J].张婷译.世界建筑，2006(09): 78。

进行最佳结构选型，为空间的可变性预留结构荷载，甚至为特殊、夸张的空间形式研发新的结构体系、设备体系、施工技术以及建造材料等等（图8-4）。各种技术的多元配合应该成为建筑师在面对博物馆复合化设计工作时所需要重点考虑的内容。

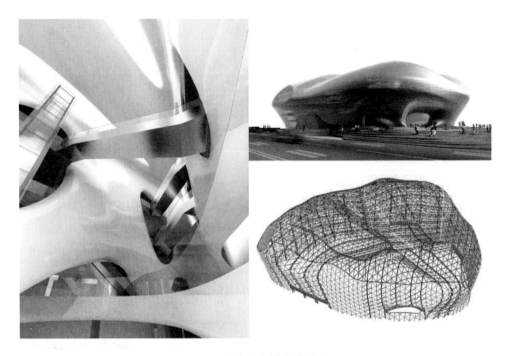

图 8-4　鄂尔多斯博物馆方案

来源：flickr.com

案例 8-3：新的结构技术的应用

沃尔夫斯堡科学中心的设计中贯彻了建筑师擅长的现浇自密实混凝土三维曲面造型，框架柱阵由 8 个异型混凝土核心筒所代替，年轻人在无柱的共享大空间里体验各种有趣的科学装置并参与其中。

广东省博物馆新馆的结构采用了钢管混凝土预应力桁架对挑悬挂体系，为无柱的室内空间以及大跨度出挑的夸张造型提供了技术支持。

2010 年上海世博会中国馆吸取了中国传统城市的营建法则和构成肌理，以及中国传统建筑的屋架体系和斗栱造型的特点，呈现出一个以 2.7m 为模数纵横穿插，以现代立体构成手法生成的一个逻辑清晰、结构严密、层层悬挑的三维立体空间造型体系（图8-5）。这个体系由 4 个集主要受力结构、交通、疏散和辅助用房于一身的钢筋混凝土筒体，筒体除承担风荷载及地震作用外，还承担全部竖向荷载。而 20 根支承于筒体的斜柱，为楼盖大跨度钢梁提供竖向支承，满足了展厅无柱大空间的功能要求。

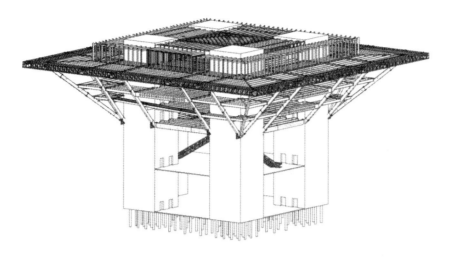

图 8-5 中国国家馆结构体系

来源：华南理工大学建筑设计研究院 主编 . 中国馆 [M]. 广州：华南理工大学出版社，2010

结语

　　建筑设计以人为本，人是城市的主体，而城市本身可以看作是一个超大尺度的建筑作品。城市、建筑、人形成一个互相影响互相制约的整体，三者的关系能否得到理顺和优化，成为整合复杂关系的思考方法和评判标准。因此，博物馆作为城市公共空间的重要组成部分，在对它进行设计的时候，更要站在宏观的角度，从整体的城市格局、城市文脉、城市空间出发，去考虑博物馆的定位、规模、选址、发展等方面；在进一步深入设计的时候，还要通过对博物馆的功能、形式、空间、材料、细部构件等方面对微观的城市环境进行微观的优化。总的来说，就是通过宏观和微观的措施全方位地提升博物馆与城市的结合度。

　　博物馆在 21 世纪中扮演着十分重要的角色，然而面对时代提出的要求，正处于空前快速发展中的当代中国的博物馆，无论在观念更新、理论研究、学术品质，还是在体制建立、社会服务、运营管理等方面仍然未能与世界同步。

　　站在设计的角度，中国的博物馆设计必须突破造型为先的束缚，与此同时，设计除了要引入新的思考角度和设计依据以外，还应该作为一种综合的手段，成为公众、社会以及博物馆自身发展之间的沟通纽带，为博物馆的决策者提供策划定位的新观念，为博物馆的投资者和管理者提供新的资金运作和运营管理的模式参考。这就是博物馆复合化设计策略的本质，同时也是其需要继续深化发展的方向。

参考文献

[1] 王宏钧 主编 . 中国博物馆学基础 [M]. 上海：上海古籍出版社，2009.

[2] 张子康，罗怡 . 美术馆 [M]. 北京：中国青年出版社，2009.

[3] 黄波，吴乐珍，古小华 主编 . 非营利组织管理 [M]. 北京：中国经济出版社，2008.

[4] 包遵彭 . 博物馆学 [M]. 台湾：正中书局，1970.

[5] 李文儒 主编 . 全球化下的中国博物馆 [M]. 北京：文物出版社，2002.

[6] 曹意强 主编 . 美术博物馆学导论 [M]. 杭州：中国美术学院出版社，2008.

[7] 刘惠媛 . 博物馆的美学经济 [M]. 北京：生活·读书·新知三联书店，2008.

[8] 黄光男 . 博物馆行销策略 [M]. 台湾：艺术家出版社，1997.

[9] 黄光男 . 美术馆广角镜 [M]. 台湾：艺术家出版社，1998.

[10] 蔡昭仪 . 全球古根汉效应 [M]. 台湾：典藏出版社，2004.

[11] 夏学理等 . 文化行政 [M]. 台湾：五观出版社，2004（2）.

[12] 齐玫 . 博物馆陈列展览内容策划与实施 [M]. 北京：文物出版社，2009.

[13] 吕理政 . 博物馆展示的传统与展望 [M]. 台湾：南天书局，1999.

[14] 程世丹 . 展览建筑 [M]. 武汉：武汉工业大学出版社，1999.

[15] 蒋玲 主编 . 博物馆建筑设计 [M]. 北京：中国建筑工业出版社，2009.

[16] 胡晓明，肖春晔 编著 . 文化经济理论与实务 [M]. 广州：中山大学出版社，2009.

[17] 徐淦 . 什么是装置艺术 [M]. 广州：中山大学出版社，2009.

[18] 段勇 . 当代美国博物馆 [M]. 北京：科学出版社，2003.

[19] 李允禾 . 华夏意匠——中国古典建筑设计原理分析 [M]. 天津：天津大学出版社，
      2005.

[20] 缪朴 编著 . 亚太城市的公共空间——当前的问题与对策 [M]. 北京：中国建筑工业
      出版社，2007.

[21] 吴良镛 . 广义建筑学 [M]. 北京：清华大学出版社 . 1989.

[22] 邢双军 主编 . 建筑设计原理 [M]. 北京：机械工业出版社，2008.

[23] 李德华 主编 . 城市规划原理 [M]. 北京：中国建筑工业出版社，2001.

[24] 黄鹤 . 文化规划——基于文化资源的城市整体发展策略 [M]. 北京：中国建筑工业
      出版社，2010.

[25]　夏南凯，田宝江 编著 . 控制性详细规划 [M]. 上海：同济大学出版社，2005.

[26]　邹瑚莹，王路，祁斌 . 博物馆建筑设计 [M]. 北京：中国建筑工业出版社，2002.

[27]　王路 . 德国当代博物馆建筑 [M]. 北京：清华大学出版社，2002.

[28]　余卓群 主编 . 博览建筑设计手册 [M]. 北京：中国建筑工业出版社，2001.

[29]　贝思出版有限公司 编 . 博物馆及艺术中心 [M]. 南昌：江西科学技术出版社，2001.

[30]　张钦楠 . 特色取胜——建筑理论的探讨 [M]. 北京：机械工业出版社，2006.

[31]　齐玫 . 博物馆陈列展览内容策划与实施 [M]. 北京：文物出版社，2008.

[32]　黎先耀，罗哲文 . 中国博物馆 [M]. 北京：五洲传播出版社，2004.

[33]　李道增 编著 . 环境行为学概论 [M]. 北京：清华大学出版社，2006.

[34]　James Cuno. Whose Muse? Art Museum and the Public Trust [M]. Princeton University Press，2004.

[35]　Germaine Bazin. The Museum Age [M]. Universe Books，1967.

[36]　Peter Vergo. The New Museology [M]. Reaktion Books，1997.

[37]　Bettina Messias Carbonell. Museum Studies [M]. Wiley−Blackwell，2004.

[38]　Sharon Macdonald. A Companion to Museum Studies [M]. Wiley−Blackwel，2006.

[39]　Janet Marstine. New Museum Theory and Practice [M]. Wiley−Blackwel，2006.

[40]　Sherman E.Lee. On Understanding Art Museums [M]. Prentice−Hall，1975.

[41]　Itsuko Hasegawa. Architecture As Another Nature [M]. Columbia University，1991.

[42]　DMU. Course Prospectus for MA in European Cultural Planning [M]. De Montfort University，1995.

[43]　Bianchini，F.and Parkinson. M.Cultural Policy and Urban Regeneration：The West European Experience [M]. New York：Martin's Press，1993.

[44]　Francisco Asensio Cerver. The Architecture of Museums [M]. Hears Books International，1997.

[45]　Evans，G. Cultural Planning：An Urban Renaissance. Routledge [M]：London and New York，2001.

[46]　B.Joseph Pine Ⅱ，James H.Gilmore. 体验经济 [M]. 夏业良等 译 . 北京：机械工业出版社，2008.

[47]　杨·盖尔 . 交往与空间 [M]. 何人可 译 . 北京：中国建筑工业出版社，2002（4）.

[48]　（日）高桥鹰志 +EBS 组 编著 . 环境行为与空间设计 [M]. 陶新中 译 . 北京：中国建筑工业出版社，2006.

[49]　（美）简·杰弗里，余丁 . 中美视觉艺术管理 [M]. 徐佳 译 . 北京：知识产权出版社，2008.

[50] （英）肯尼斯·赫德森. 八十年代的博物馆——世界趋势综览 [M]. 王殿明等 译. 北京：紫禁城出版社，1986.

[51] Suzanne Greub, Thierry Greub. Museums in the 21st Century [M]. 常玲玲等 译. 大连：大连理工大学出版社，2008.

[52] Vittorio Magnago Lampugnani. World Museum Architecture [M]. 赵欣，周莹等 译. 沈阳：辽宁科学技术出版社，2006.

[53] （英）诺曼·穆尔（Roman Moore）. 奇特新世界：世界著名城市规划与建筑 [M]. 李家坤 译. 大连：大连理工大学出版社，2002.

[54] 肯·罗伯茨（Ken·Roberts）. 休闲产业（休闲与游憩管理译丛）[M]. 李昕 译. 重庆：重庆大学出版社，2008.

[55] 科特勒·菲利普（Kotler Philip），科特勒·安德里亚森（Kotler Andreasen）. 非营利组织战略营销 [M]. 孟延春 译. 北京：中国人民大学出版社，2003.

[56] 查尔斯·兰德利（C.Landry）. 创意城市：如何打造都市创意生活圈 [M]. 杨幼兰 译. 北京：清华大学出版社，2009.

[57] 伊东丰雄建筑设计事务所 编著. 建筑的非线性设计——从仙台到欧洲 [M]. 幕春暖 译. 北京：中国建筑工业出版社，2005.

[58] （美）亚瑟·罗森布拉特. 博物馆建筑设计 [M]. 周文正 译. 北京：中国建筑工业出版社，2004.

[59] （德）维多里奥·马尼亚戈·兰普尼亚尼等 编著. 世界博物馆建筑 [M]. 赵欣 周莹等 译. 沈阳：辽宁科学技术出版社，2006.

[60] （美）戴安娜·克兰. 文化生产：媒体与都市艺术 [M]. 赵国新 译. 南京：译林出版社，2001.

[61] 哈罗德·史内卡夫. 都市文化空间之整体营造——复合使用计划中的文化设施 [M]. 刘丽卿，蔡国栋 译. 台北：创兴出版社，1996.

[62] （美）阿摩斯·拉普卜特. 建成环境的意义——非言语表达方式发 [M]. 黄兰谷 等 译. 北京：中国建筑工业出版社，2006.

[63] （美）阿摩斯·拉普卜特. 文化特性与建筑设计 [M]. 常青，张昕，张鹏 译. 北京：中国建筑工业出版社，2004.

[64] （美）凯文·林奇. 城市意象 [M]. 方益萍，何晓军 译. 北京：华夏出版社，2001.

[65] （美）柯林·罗弗瑞德·科特. 拼贴城市 [M]. 童明 译. 北京：中国建筑工业出版社，2003.

[66] （英）布莱恩·劳森. 空间的语言 [M]. 杨青娟 等译. 北京：中国建筑工业出版社，2003.

[67]（美）罗杰·特兰西克.寻找失落空间——城市设计的理论 [M].朱子瑜 等译.北京：中国建筑工业出版社，2008.

[68] 陆保新.博物馆建筑与博物馆学的关联性研究 [D].北京：清华大学，2003.

[69] 刘挺.博览建筑参观动线与展示空间研究 [D].上海：同济大学，2007.

[70] 王凯.我国城市公共文化设施的现状分析与规划对策 [D].北京：清华大学，1997.

[71] 李亚明.城市文化的演进——当代中国建成环境的文化分析理论 [D].上海：同济大学，2000.

[72] 李慧净.中国私人博物馆发展问题浅析 [D].长春：吉林大学，2007.

[73] 张艺军.博物馆文化产业发展研究——以湖北省博物馆为例 [D].武汉：武汉大学，2005.

[74] 李婧扬.城市博物馆旅游开发研究——以成都为例 [D].成都：四川师范大学，2009.

[75] 张丹.市场营销与博物馆经营策略 [D].北京：中央美术学院，2000.

[76] 李新.文化类公共建筑外部空间设计研究 [D].成都：西南交通大学，2008.

[77] 史伟.艺术博物馆选址因素研究 [D].北京：中央美术学院，2009.

[78] 柳淳风.中国民营美术馆现状报告 [D].北京：中央美术学院，2007.

[79] 杨海燕.中西方博物馆比较研究 [D].济南：山东大学，2009.

[80] 李强.会展建筑空间复合化设计研究 [D].哈尔滨：哈尔滨工业大学，2008.

[81] 周原.博物馆建筑设计任务书——定位、定性、定量研究 [D].天津：天津大学，2005.

[82] 李浩.现代博物馆设计研究——大众化走向下的当代博物馆建筑设计观与设计方法 [D].武汉：武汉理工大学，2002.

[83] 汤朝晖.相容建筑——由城市公共空间切入建筑设计的方法研究 [D].广州：华南理工大学，2003.

[84] 李慧竹.中国博物馆学理论体系形成与发展研究 [D].济南：山东大学，2003.

[85] 高宏宇.文化及创意产业与城市发展 [D].上海：同济大学，2003.

[86] 郑珊珊.日本森美术馆——在生活中享受艺术 [J].紫禁城，2008（04）.

[87] 应盛.美英土地混合使用的实践 [J].北京规划建设，2009（02）.

[88] 陈国宁.博物馆与社区的对话——台湾"地方文化馆计划"实施的研究分析 [J].博物馆发展研究，2008.

[89] 王宝健.北京地区私立博物馆发展调查 [J].艺术市场，2007（6）.

[90] 喻锋.欧洲城市土地多功能集约利用简介及其启示 [J].资源导刊，2010（11）.

[91] 王元京.城镇土地集约利用：走空间节约之路 [J].中国经济报告，2007（09）.

[92] 波尔杰德·耶斯贝格也.未来博物馆设计原理 [J].世界建筑,1981（2）.

[93] 道格拉斯·戴维斯.增加、改造、修正——不断成长的博物馆 [J].世界建筑,2001（07）.

[94] 王家浩.访谈:于情于理（Fusion of Pertinent Emotion and Reason）[J]. a+u,2009（02）.

[95] 刘珩.艺术空间发展的"别样"性——与侯瀚如先生的访谈 [J].时代建筑,2006（06）.

[96] 徐洁,林军.六本木山——城市再开发综合商业项目 [J].时代建筑,2005（02）.

[97] Simone Bove.博物馆.历史 [J].世界建筑,2006（09）.

[98] Susanna Ferrini. The Museum As An Icon of Urban Space [J].世界建筑,2006（09）.

[99] Olafur Eliasson. The Weather Project[J]. a＋u,2006（02）.

[100] Hiroshi Sugimoto. Colors of Shadow[J]. a＋u,2006（02）.

[101] Hiroshi Sugimoto. Retrospective "End of Time" [J]. a＋u,2006（02）.

[102] 福斯特及合伙人事务所.艺术广场.尼姆,法国 [J].世界建筑,2006（09）.

[103] 圭多·卡纳里.圣玛丽医院的修复和重建,锡耶纳,意大利 [J].张婷 译.世界建筑,2006（09）.

[104] （英）迈克尔·康普顿.公共美术馆的由来及其利用 [J].美术馆,2001（01）.

[105] 罗欣怡.博物馆与社区发展——兼论美国二座社区博物馆 [J].博物馆学季刊,1998（03）.

[106] 王成,王琦.博物馆建筑的若干理论思考 [J].中国博物馆,2002（01）.

[107] （美）道格拉斯·戴维斯.增加、改造、修正——不断成长的博物馆 [J].世界建筑,2001（07）.

[108] 杨俪俪.生态博物馆——经济与文化的思考 [J].中国博物馆,2001（03）.

[109] 宋向光.中国当代私立博物馆的发展 [J].国际博物馆,2008（01-02）.

[110] 辛儒,孔旭红.适度市场化与社会化运作:博物馆经营管理创新的基点 [J].商场现代化,2007（12）

[111] 王莉.论博物馆的市场化运作 [J].中共青岛市委党校学报,2005（01）.

[112] 陈翔,朱培栋.临场体验和功能复合——信息化背景下的当代博物馆设计的两种倾向 [J].建筑学报,2009（07）.

[113] 刘怡.整合式的建筑与环境——复合体设计初探 [J].华中建筑,2007（09）.

[114] 华炜,易俊.复合展示元素营造场所精神——永安国家地质博物馆展示空间的氛围设计 [J].新建筑,2010（03）.

[115] 胡柳.古根海姆博物馆运营模式初探 [J].商场现代化,2009（01）.

[116] 罗丽欣.面对中国博物馆快速发展情势的理论思考 [J].理论观察,2009（01）.

[117] 让·努维尔工作室.卢浮宫博物馆,阿布扎比,阿拉伯联合酋长国 [J].世界建筑,2010（05）.

[118] 马思洁.中国第一家时尚博物馆商 [J].执行力,2009（05）.

[119] 杜慧娥.中小型博物馆发展的几点思考 [J].文物世界,2010（01）.

[120] 彭文苑.意大利MAXXI二十一世纪艺术博物馆 [J].城市建筑,2010（05）.

[121] 郭晓彦.广东美术馆时代分馆——一个艺术计划的实现 [J].时代建筑,2006（06）.

[122] 伍乐园,陈树棠,郑德原.广东美术馆 [J].建筑创作,2002（01）.

[123] 李阳.用环境信息理论分析华盛顿大屠杀纪念馆 [J].建筑创作,2001（01）.

[124] 刘先觉.现代艺术殿堂的室内外艺术——蓬皮杜文化艺术中心访问记 [J].室内设计与装修,2005（03）.

[125] 崔恺,崔海东.文化客厅——首都博物馆新馆 [J].建筑学报,2007（07）.

[126] 高蓓.流年的布展——上海美术馆新馆建筑改建工程 [J].室内设计与装修,2002（03）.

[127] 陈苏柳,刘松茯,饶望.历史与未来的搭接——蓬皮杜文化艺术中心的再解读 [J].华中建筑,2004（03）.

[128] KPF事务所.罗丹博物馆,汉城,韩国 [J].世界建筑,2001（07）.

[129] 联合网络工作室.新梅塞德斯奔驰博物馆,斯图加特,德国 [J].世界建筑,2006（09）.

[130] 让·努维尔.卡迪亚当代艺术基金会和卡迪亚总部,巴黎,法国 [J].世界建筑,2010（05）.

[131] 蔡琴.博物馆开放方式研究 [J].国际博物馆,2008（01-02）.

[132] 武晓怡.博物馆与旅游经济 [J].北方经济,2007（05）.

[133] 王路.关联的容器——当代博物馆建筑的一种倾向 [J].时代建筑,2006（06）.

[134] 张海翱 编译.21世纪初博物馆发展特征浅析 [J].时代建筑,2006（06）.

[135] 崔恺.构筑城市的客厅——首都博物馆 [J].世界建筑,2006（09）.

[136] 隆光.让科普走向市场——中国自然博物馆的创新之路 [J].中国科技信息,1996（10）.

[137] 张晓春.旧金山文化艺术的新焦点——德扬博物馆新馆设计 [J].时代建筑,2006（06）.